Die Pumpen

Ein Leitfaden für höhere Maschinenbauschulen
und zum Selbstunterricht

Von

H. Matthießen
Dipl.-Ing., Professor, Kiel

E. Fuchslocher
Dipl.-Ing., Kiel

Mit 137 Textabbildungen

Springer-Verlag Berlin Heidelberg GmbH
1923

ISBN 978-3-662-42852-8   ISBN 978-3-662-43135-1 (eBook)
DOI 10.1007/978-3-662-43135-1

Vorwort.

Das vorliegende Buch bringt in kurzer Fassung das Wichtigste, was ein angehender Maschineningenieur über Wesen, Anordnung, Konstruktion und Betrieb der heute gebräuchlichen Pumpen wissen muß. In erster Linie ist es als Lehrbuch und als Ergänzung für den Unterricht an den höheren Maschinenbauschulen gedacht. Außerdem soll es als Leitfaden für Studierende an technischen Hochschulen und zum Selbstunterricht dienen.

Dem Umfange des Buches entsprechend konnte auf theoretischem Gebiete nur das Allernotwendigste gebracht werden. Wer sich tiefere Kenntnisse der Pumpentheorie aneignen will, wird in den einzelnen Abschnitten auf die entsprechende Literatur hingewiesen.

Das Hauptgewicht wurde auf die ausführlichere Behandlung der Kolben- und Kreiselpumpen gelegt, während die Dampf- bzw. Luftdruckpumpen und die Dampf- bzw. Wasserstrahlpumpen nur kurz beschreibend besprochen sind.

Wo es irgend angängig war, sind die Abbildungen als Strichbilder gebracht. Durch diese Vereinfachung wird das Verständnis und die Übersicht für den Anfänger wesentlich erleichtert. Der Besprechung der einzelnen Abschnitte ist möglichst immer ein kurzes Zahlenbeispiel angefügt worden. Außerdem ist am Schlusse der Kolbenpumpen und ebenso der Kreiselpumpen die praktische Durchrechnung einer ganzen Pumpe durchgeführt. Die einzelnen Teile des Kurbeltriebes sind nicht besonders besprochen, da ihre Kenntnis von den Maschinenelementen her als bekannt vorausgesetzt werden kann. Fremdwörter sind nach Möglichkeit vermieden worden.

Kiel, 1922.   **Matthießen, Fuchslocher.**

Inhaltsverzeichnis.

Allgemeines.

Die Pumpen dienen zum Heben und vielfach auch noch zum Fortleiten von Flüssigkeiten. Die Hebung der Flüssigkeit kann erfolgen durch einen hin- und hergehenden Kolben (Kolbenpumpen), durch ein rasch umlaufendes Schaufelrad (Kreiselpumpen), durch einen Strahl von Druckwasser (Wasserstrahlpumpen, hydraulische Widder) oder Dampf (Injektoren) und schließlich durch Luft- oder Dampfdruck (Saugheber, Luftdruckapparate, Pulsometer). Bei den Kolbenpumpen bewegt sich ein hin- und hergehender Kolben in einem geschlossenen Gehäuse, dem Pumpenzylinder, so daß eine absatzweise Förderung der Flüssigkeit stattfindet. Es sind daher Ventile erforderlich, welche die Pumpe abwechselnd von dem Saug- und Druckrohr absperren. Die absatzweise Bewegung des Wassers in den Rohren kann durch Windkessel, welche zeitweise einen Teil des Wassers aufnehmen, in eine mehr oder weniger ununterbrochene Bewegung verwandelt werden. Bei den Kreiselpumpen rotiert ein Schaufelrad dauernd. Dadurch fallen Ventile und Windkessel fort und es fließt ein ununterbrochener Wasserstrom in der Pumpe und in dem Saug- und Druckrohr. Bei den Strahlpumpen fördern die gewöhnlichen Wasserstrahl- und Dampfstrahlpumpen ununterbrochen ohne Ventile, während der absatzweise arbeitende hydraulische Widder wieder Ventile und einen Windkessel nötig hat. Ebenso arbeiten die Luftdruckapparate (Mammutpumpen) ununterbrochen ohne Ventile, während die Dampfdruckpumpen (Pulsometer) absatzweise mit Ventilen fördern.

Die häufigste Verwendung finden die Kolben- und Kreiselpumpen. Beide stehen in der letzten Zeit in scharfem Wettbewerb miteinander. Der Wirkungsgrad der Kolbenpumpen ist zwar etwas höher als derjenige der Kreiselpumpen. Die letzteren arbeiten aber mit höheren Umlaufzahlen und verlangen daher raschlaufende Antriebsmaschinen, welche wieder höhere Wirkungsgrade als langsamlaufende Maschinen haben. Der Gesamtnutzeffekt von Anlagen mit Kolben- und Kreiselpumpen ist daher ungefähr der gleiche. Die langsam laufenden Kolbenpumpen lassen in der Regel keine unmittelbare Kupplung mit raschlaufenden Antriebsmaschinen (Elektromotoren, Dampfturbinen) zu. Die erforderliche Übersetzung verschlechtert dann wieder den Gesamtwirkungsgrad und verteuert die Anlage.

Die Strahlpumpen und Luft- bzw. Dampfdruckpumpen haben infolge ihres geringen Nutzeffektes eine mehr untergeordnete Bedeutung. Für besondere Zwecke ist ihre Verwendung aber oft vorteilhaft.

I. Kolbenpumpen.

1. Anordnung und Wirkungsweise der verschiedenen Bauarten.

Man unterscheidet nach der Wirkungsweise:

        a) Einfach wirkende Pumpen.
        b) Doppelt wirkende Pumpen.
        c) Differentialpumpen.

a) Einfach wirkende Pumpen.

Dieselben kann man in Druck- und Hubpumpen einteilen, je nachdem das Wasser aus dem Zylinder durch Drücken des Kolbens oder durch Heben desselben verdrängt wird.

Die **einfach wirkende Druckpumpe** wird stets als Plungerpumpe ausgeführt, sie kann liegend und stehend angeordnet werden. Abb. 1 zeigt eine liegende Plungerpumpe. Der Pumpenzylinder Z, in welchem der durch eine Stopfbüchse abgedichtete Plungerkolben K hin- und herbewegt wird, enthält oben das Druckventil D. V. und unten das Saugventil S. V. Das Wasser wird vom Brunnen zum Zylinder durch das Saugrohr R_s und vom Zylinder zum oberen Ausguß durch das Druckrohr R_d geleitet. Am unteren Ende des Saugrohrs ist ein Saugkorb angeordnet, um Unreinigkeiten von der Pumpe fern zu halten. Manchmal ist der Saugkorb noch mit einem besonderen Ventil, dem Fußventil, versehen.

Bezeichnet man mit $F = \dfrac{\pi\, D^2}{4}$ den Kolbenquerschnitt in qm, mit s den Kolbenhub in m und setzt man voraus, daß die Pumpe mit Wasser gefüllt sei, dann wird beim Hingang des Kolbens, d. h. bei der Bewegung nach der Kurbelwelle hin, vom Kolben der Raum F s cbm im Zylinder frei gegeben. Sowie der Druck im Zylinder um ein bestimmtes Maß abgenommen hat, also ein Unterdruck entstanden ist, wird durch den Atmosphärendruck A, welcher auf dem Wasserspiegel im Brunnen wirkt, das Saugventil geöffnet und gleichzeitig die im Saugrohr befindliche Wassersäule in Bewegung gesetzt. Der im Zylinder frei gegebene Raum F s wird also mit Wasser gefüllt. Ist der Kolben in seiner rechten Totlage angekommen, dann schließt sich das Saugventil unter der Wirkung des Eigengewichts bzw. des Federdrucks. Diesen Verlauf unter der Mitwirkung des Atmosphärendrucks nennt man das Saugen der Pumpe.

Beim Rückgang des Kolbens öffnet sich das Druckventil und der Kolben drückt die Wassermenge F s in das Druckrohr, so daß die im Druckrohr befindliche Wassermenge in Bewegung gesetzt wird und am Ausguß die Wassermenge F s austritt. Ist der Kolbenhub beendet, dann schließt sich das Druckventil. Diesen Verlauf nennt man das Drücken der Pumpe.

Bei einer Umdrehung der Kurbel oder einem Doppelhub fördert die Pumpe F s cbm und es beträgt somit bei n-Umdrehungen in der Minute die **mittlere sekundliche Wasserlieferung:** $Q = \dfrac{F s n}{60} \dfrac{cbm}{sk}$.

Da der Kraftbedarf beim Saugen zu demjenigen beim Drücken sich wie die entsprechenden Höhen verhält, ordnet man meist zur besseren Verteilung des Kraftbedarfs, 2 oder 3 Pumpen parallel nebeneinander an (Zwillings-, Drillingspumpen). Diese Ausführung findet man besonders bei Preßpumpen. Jedoch wird die Pumpe auch in einfacher Ausführung verwendet. Sie kommt für alle Wassermengen auf alle Förderhöhen in Frage.

Mißt man am Ausguß die tatsächliche (effektive) Wasserlieferung Q_e einer Pumpe in $\dfrac{cbm}{sk}$, so wird man finden, daß dieselbe stets kleiner als die aus den Abmessungen der Pumpe berechnete Wasserlieferung Q ist, weil Lieferungsverluste vorkommen. Man nennt das Verhältnis $\dfrac{Q_e}{Q}$ den Lieferungsgrad η_l, somit ist: $\eta_l = \dfrac{Q_e}{Q}$.

Die Lieferungsverluste können durch Undichtigkeiten hervorgerufen werden. Undicht können sein: die Stopfbüchse des Kolbens, die Ventile und die Rohrleitung. Ist die Saugleitung undicht, so tritt Luft ein und es wird statt Wasser ein Gemisch von Wasser und Luft gefördert. Dieses Gemisch kann auch durch den natürlichen Luftgehalt des Wassers entstehen. Beim Saugen scheidet sich ein Teil der Luft aus und sammelt sich im hochgelegenen Teil des Zylinders an. Ist der Zylinder sachgemäß ausgeführt, dann wird beim Druckhub die Luft vollständig in das Druckrohr entweichen. Kann sich aber Luft in einem Raum innerhalb des Zylinders, dem

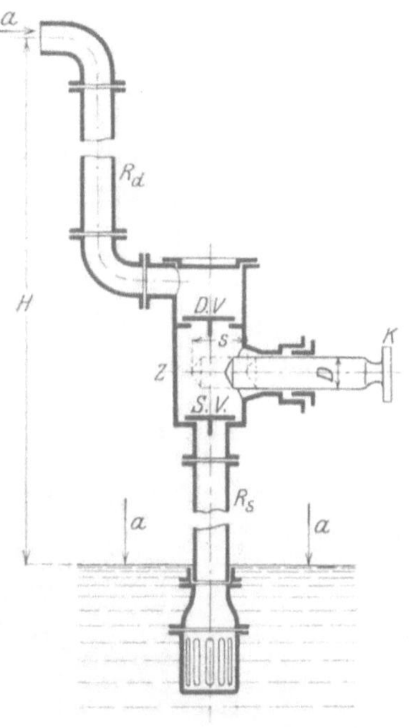

Abb. 1.

sogenannten **Luftsack** so ansammeln, daß sie beim Druckhub nicht entweicht (Abb. 2), dann wird diese Luftmenge beim Saugen sich ausdehnen und beim Drücken sich zusammenziehen, so daß die Ventile zu spät öffnen. Der hierbei auftretende Verlust wird um so größer sein, je größer die Saughöhe und die Druckhöhe ist. Wie später gezeigt wird, öffnen und schließen die Ventile mit Verspätung gegen den Hubwechsel, dadurch wird eine kleinere Wassermenge als F s angesaugt und gedrückt. Es kann gesetzt werden $\eta_l = 0{,}90$ bis $0{,}98$; der kleine Wert für kleine Pumpen, dier große Wert für große Pumpen, wie sie bei Wasserwerken und Wasserhaltungen verwendet werden.

Bei Kolbenpumpen, besonders bei denjenigen mit Kurbelantrieb, werden meist **Windkessel** angeordnet, um ein ruhiges Arbeiten zu erzielen, wie später gezeigt wird. Bei Spritzen sind Windkessel notwendig, um einen gleichmäßigen Wasserausfluß zu erhalten. Abb. 3 zeigt die einfach wirkende Pumpe mit Windkessel. Abb. 4 und 5 sind Beispiele für stehende Pumpen.

Die **Hubpumpe** (Abb. 6) wird mit durchbrochenem Scheibenkolben K ausgeführt. Der Scheibenkolben ist mit dem Druckventil D. V. versehen, er bewegt sich in einem ausgebohrten vertikalen Zylinder Z auf und ab. Bewegt sich der Kolben aufwärts, dann öffnet sich das Saugventil S.V. und der Kolben saugt die Wassermenge F s cbm an. Gleichzeitig wird die im Zylinder über dem Kolben befindliche Wassermenge (F—f) s in das Druckrohr gehoben, wobei $f = \dfrac{\pi\, d^2}{4}$ den Querschnitt der Kolbenstange bezeichnet.

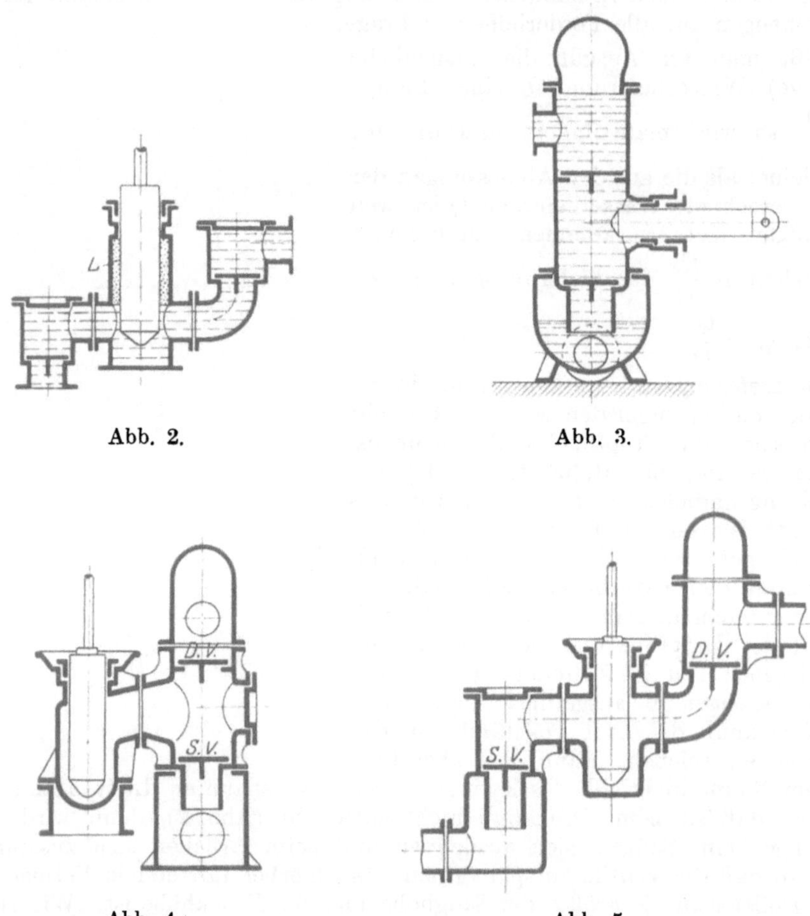

Abb. 2.   Abb. 3.

Abb. 4.   Abb. 5.

Bei der Abwärtsbewegung tritt die im Zylinder unter dem Kolben befindliche Wassermenge F s durch das geöffnete Druckventil hindurch. Gleichzeitig wird über dem Kolben der Raum (F—f) s frei, so daß die Wassermenge F s — (F — f) s = f s in das Druckrohr verdrängt wird.

Die Pumpe fördert bei einer Umdrehung die Wassermenge (F — f) s + f s = F s und es ist somit:

$$Q = \frac{F\, s\, n}{60}.$$

Da f im Verhältnis zu F klein ist, wird der größte Teil der Förderarbeit beim Heben geleistet und es kann daher die Hubpumpe bei Vernachlässigung von f als einfach wirkend angesehen werden. Um eine gleichmäßigere Verteilung der Förderarbeit zu erzielen, werden verschiedene Hilfsmittel verwendet (Gegengewicht, Ausgleichplunger). Die Hubpumpe wird bei tiefliegendem Brunnenwasserspiegel verwendet, wie es bei Brunnen- und Bohrlochpumpen der Fall ist. Außerdem wird sie bei den Kondensatoren der Dampfmaschinen benützt.

Bei Druckhöhen über etwa 60 m ist die Abdichtung des Scheibenkolbens sehr mangelhaft, auch ist eine Überwachung der Dichtungsflächen des Kolbens nicht möglich. Ein Fehler der Abdichtung läßt sich erst beim sichtbaren Abnehmen der Wasserlieferung feststellen. Deshalb verwendet man bei großen Druckhöhen die **Hubpumpe mit Rohrkolben,** einfach wirkende Rittingerpumpe (Abb. 7). Bei derselben erfolgt die Abdichtung durch zwei von außen nachziehbaren Stopfbüchsen. Die Arbeitsweise ist dieselbe wie bei der einfachen Hubpumpe.

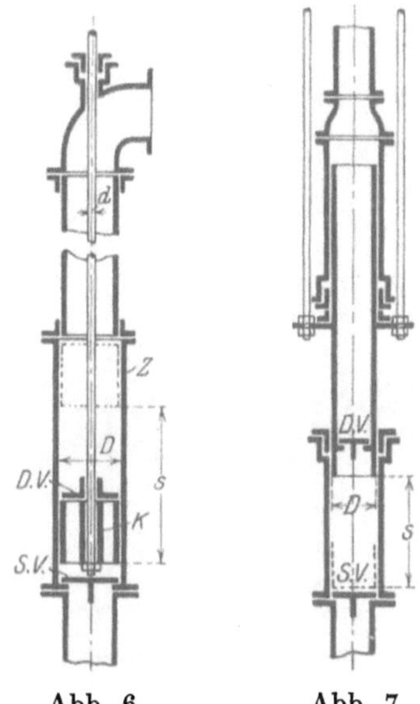

Abb. 6.　　　　Abb. 7.

b) Doppelt wirkende Pumpen.

Dieselben werden liegend oder stehend ausgeführt; bei kleinen Druckhöhen verwendet man den Scheibenkolben, sonst wird der Plungerkolben bevorzugt. Bei den Pumpen mit Plungerkolben kann man 2 Bauarten unterscheiden, je nachdem ein Plunger oder ein Doppelplunger verwendet wird. Bei der letzteren Art ist ein Umführungsgestänge notwendig.

Abb. 8 zeigt eine liegende Pumpe mit einem gemeinschaftlichen Plunger. Beim Hingang saugt die linke Kolbenfläche F s an, gleichzeitig drückt die rechte Kolbenfläche (F − f) s aus dem rechten Zylinder. Beim Rückgang drückt die linke Kolbenfläche F s aus dem linken Zylinder, gleichzeitig saugt die rechte Kolbenfläche (F − f) s an. Bei einer Umdrehung fördert demnach die Pumpe die Wassermenge (F − f) s + F s = (2 F − f) s cbm und somit ergibt sich:

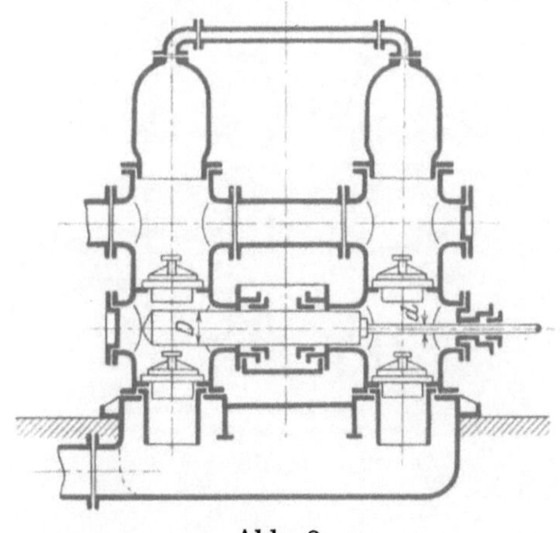

Abb. 8.

$$Q = \frac{(2\,F - f)\,s\,n}{60}.$$

Die Pumpe wird bei Wasserwerken und Wasserhaltungen für mittlere Förderhöhen verwendet. Sehr oft wird statt der beiden in der Mitte liegenden Stopfbüchsen eine einzige (Unastopfbüchse) ausgeführt (Abb. 67), um den Reibungs-widerstand des Plungers und die Baulänge der Pumpe zu verkleinern. Abb. 9 und 10 zeigen stehende Plungerpumpen, dieselben werden als Fabrik- und Schacht-pumpen verwendet.

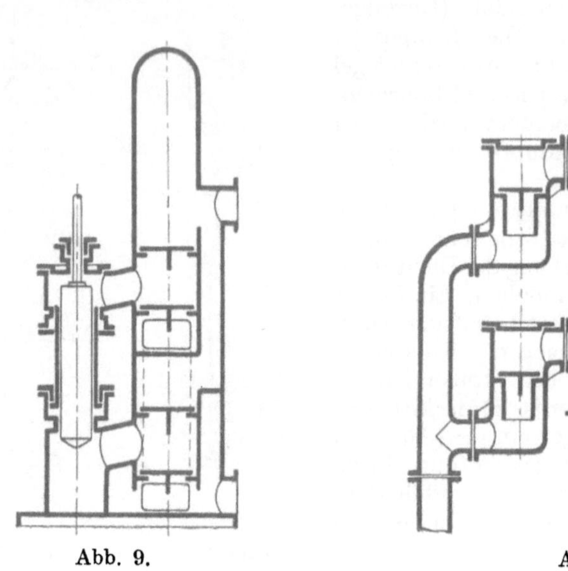

Abb. 9.   Abb. 10.

Die Wasserlieferung und der Arbeitsbedarf sind beim Rückgang größer als beim Hingang. Der Unterschied ist um so größer, je größer die Druckhöhe ist, da infolge des zunehmenden Plungerdrucks auch der Durchmesser d der Plungerstange größer wird.

Deshalb verwendet man bei großer Druckhöhe die liegende Doppelplungerpumpe mit Umführungsgestänge (Abb. 11), welche beim Hin- und Rückgang des Plungers dieselbe Wassermenge liefert. Bei einer Umdrehung fördert die

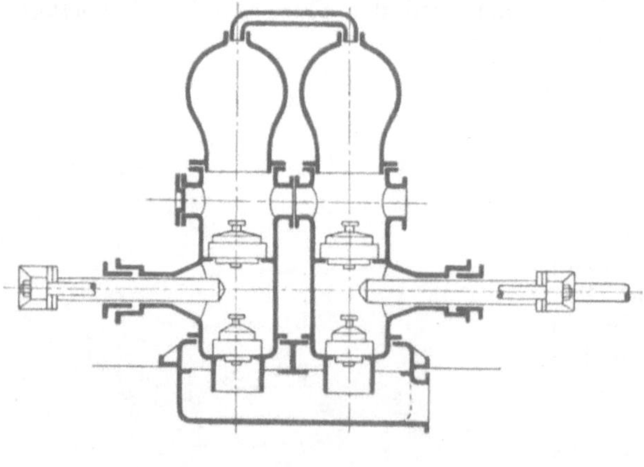

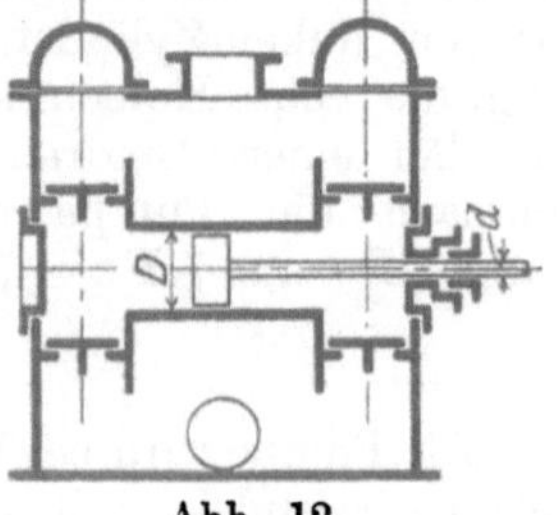

Abb. 11.   Abb. 12.

Pumpe die Wassermenge $Fs + Fs = 2\,Fs$ und demnach folgt:

$$Q = \frac{2\,F\,s\,n}{60}.$$

Die Pumpe wird bei Wasserhaltungen und als Preßpumpe verwendet.

Bei kleinen Förderhöhen und nicht zu großen Fördermengen verwendet man auch die **Pumpe mit Scheibenkolben.** Abb. 12 zeigt eine liegende Anordnung. Die Wirkungsweise dieser Pumpe ist dieselbe wie bei der Anordnung, welche Abb. 8 darstellt. Auf die mangelhafte Abdichtung des Scheibenkolbens, welche schon erwähnt worden ist, sei hingewiesen. Die Pumpe findet wegen ihrer kleinen Baulänge als Fabrikpumpe Verwendung.

c) Differentialpumpen.

Die **Differentialpumpe mit Plungerkolben** wird liegend und stehend ausgeführt. Abb. 13 zeigt eine liegende Anordnung. Beim Hingang wird in dem linken Zylinder die Wassermenge Fs angesaugt und gleichzeitig im rechten Zylinder die Wassermenge $(F - f)\,s$ verdrängt. Beim Rückgang wird aus dem linken Zylinder die Wassermenge Fs durch das Druckventil hindurch geschoben, gleichzeitig wird aber im rechten Zylinder der Raum $(F - f)\,s$ frei, so daß

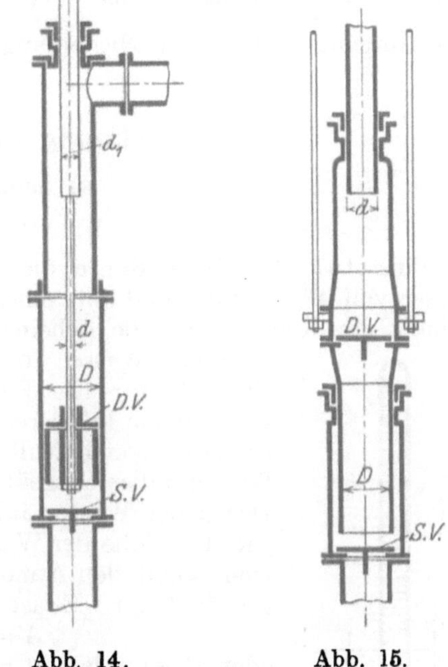

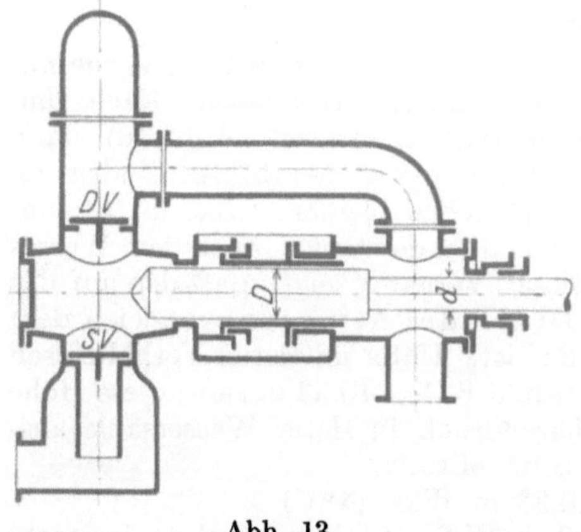

<table>
<tr><td style="text-align:center">Abb. 13.</td><td style="text-align:center">Abb. 14.</td><td style="text-align:center">Abb. 15.</td></tr>
</table>

nur die Wassermenge $Fs - (F - f)\,s = fs$ in das Druckrohr verdrängt wird. Während einer Umdrehung wird also die Wassermenge $(F - f)\,s + fs = Fs$ verdrängt und demnach ist: $Q = \dfrac{F\,s\,n}{60}$.

Der Stufenplunger saugt und drückt zugleich beim Hingang, während er beim Rückgang nur drückt.

Wird $f = \dfrac{F}{2}$, dann ist die Wasserverdrängung des Plungers beim Hin- und Rückgang gleich groß. Der Querschnitt f kann auch so gewählt werden, daß der Kraftbedarf beim Hin- und Rückgang gleich groß wird (siehe Beispiel S. 17).

Bei der **Hubpumpe mit Differentialplunger** (Abb. 14) wird durch Anordnung dieses Plungers die nachteilige Verteilung des Kraftbedarfs der einfachen Hubpumpe beseitigt. Bei der Aufwärtsbewegung des Kolbens wird die Wassermenge $F\,s$ angesaugt, gleichzeitig wird die im Zylinder über dem Kolben befindliche Wassermenge $(F-f)\,s$ gehoben. Da aber der Differentialplunger den Raum $f_1 s$ frei gibt, wird nur die Wassermenge $(F-f-f_1)\,s$ in das Druckrohr verdrängt.

Bei der Abwärtsbewegung tritt die Wassermenge $F\,s$ durch den durchbrochenen Scheibenkolben bei geöffnetem Druckventil hindurch, im Zylinder wird aber über dem Kolben nur der Raum $(F-f)\,s$ frei gegeben, so daß die Wassermenge $F\,s-(F-f)\,s=f\,s$ verdrängt wird. Gleichzeitig verdrängt der Differentialplunger die Wassermenge $f_1 s$, so daß bei der Abwärtsbewegung im ganzen die Wassermenge $f\,s+f_1\,s=(f+f_1)\,s$ in das Druckrohr verdrängt wird. Bei einer Umdrehung fördert demnach die Pumpe die Wassermenge $(F-f-f_1)\,s+(f+f_1)\,s=F\,s$ und somit $Q=\dfrac{F\,s\,n}{60}$.

Bei großen Druckhöhen verwendet man die Differentialhubpumpe mit Rohrkolben — Rittingerpumpe — (Abb. 15). Die Wasserverdrängung beträgt beim Aufgang $f\,s$ und beim Niedergang $(F-f)\,s$ und somit $Q=\dfrac{F\,s\,n}{60}$.

2. Berechnung der Kolbenpumpen.

a) Saugwirkung.

α) Allgemeines.

Eine etwa 11 m lange Röhre, die an einem Ende geschlossen ist, werde mit Wasser von 4^0 C gefüllt und mit einer Scheibe dicht verschlossen. Nach Umdrehung der Röhre werde die Scheibe unter Wasser entfernt (Abb. 16), dann wird das Wasser in der Röhre etwas herabsinken, aber an einem bestimmten Punkte B stehen bleiben. Über B befindet sich nun ein luftleerer Raum, d. h. der Druck über dem Wasser bei B ist gleich Null. Dieser Vorgang zeigt, daß der auf das Wasser außen ausgeübte Druck der Atmosphäre gleich dem Druck der Wassersäule BC ist. Unter mittleren Verhältnissen wird die Höhe der Wassersäule $BC=10{,}33$ m sein; diese Höhe stellt somit den Atmosphärendruck in Meter Wassersäule ausgedrückt dar. Es ist also im Mittel:

$$A = 10{,}33 \text{ m W.S. } (4^0\,\text{C})$$

oder abgerundet $at = 10$ m W.S. $(4^0\,\text{C})$ metrische oder technische Atmosphäre.

Durch Multiplikation mit dem spezifischen Gewicht des Wassers bei 4^0 C $\gamma=1000\,\dfrac{\text{kg}}{\text{cbm}}$, erhält man den Atmosphären-

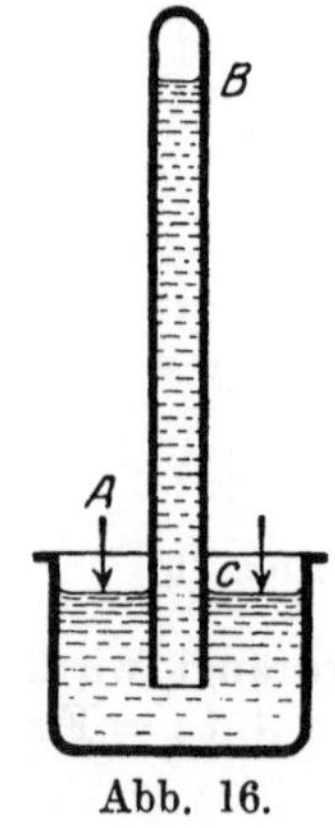
Abb. 16.

druck in $\dfrac{\text{kg}}{\text{qm}}$ ausgedrückt; es ist somit:

$$A = 10{,}33 \cdot 1000 = 10\,330\,\frac{\text{kg}}{\text{qm}},$$

$$at = \quad 10 \cdot 1000 = 10\,000\,\frac{\text{kg}}{\text{qm}}.$$

Der Atmosphärendruck wird mit dem Barometer in mm Quecksilbersäule von 0^0 C gemessen. Zur Umwandlung in m W.S. $(4^0$ C$)$ muß man den in m Q.S.

gemessenen Druck mit dem spezifischen Gewicht des Quecksilbers bei 0^0 C 13,6 (abgerundet) multiplizieren; z. B.

A = 750 mm Q.S. = 0,75 m Q.S. = 0,75 . 13,6 = 10,2 m W.S.

Ein durchbrochener Kolben, der sich luftdicht in einem Rohre bewegt, werde bei geöffnetem Ventil bis auf das Wasser abwärts gesenkt, so daß die Luft unter dem Ventil vollständig entweichen kann und dann das Ventil geschlossen (Abb. 17). Bewegt sich der Kolben mit einer bestimmten Geschwindigkeit aufwärts, dann gibt er in der Röhre über dem Wasser Raum frei, welcher infolge des Atmosphärendrucks sofort mit Wasser gefüllt wird. Auf diese Weise wird das Wasser dem aufsteigenden Kolben bis zu einem Punkte folgen, der H_s' m über dem Wasserspiegel liegt. (Abb. 18.) H_s' wird die Höhe von A. m W.S. nicht erreichen, wie dies oben der Fall war, da der Atmosphärendruck beim Aufgang des Kolbens nicht nur der Wassersäule von der Höhe H_s' m das Gleichgewicht halten, sondern auch alle bei der Bewegung des Wassers auftretenden Widerstände überwinden muß. Außerdem ist es nicht möglich unter dem Kolben den Druck Null zu erzeugen, da das Wasser im luftverdünnten Raum gesättigte Dämpfe ausscheidet, deren Druck von der Temperatur des Wassers abhängig ist.

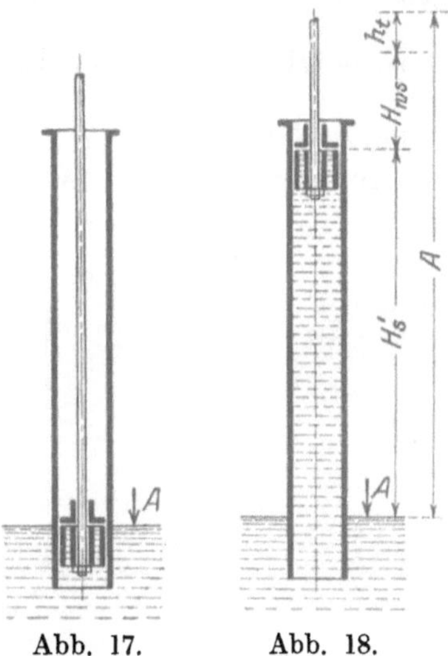

Abb. 17.   Abb. 18.

Bezeichnet H_{ws} die Summe der Bewegungswiderstände in m W.S. und h_t den Sättigungsdruck des Wassers von t^0 C in m W.S., dann ist:

$$h_t + H_{ws} + H_s' = A.$$

Die Saughöhe H_s, welche man ausführt, wird man stets kleiner als H_s' wählen um eine gewisse Sicherheit zu haben, da die anderen Größen der obigen Gleichung veränderlich sind. Man erhält somit:

$$H_s < A - h_t - H_{ws}.$$

An einem offenen mit Wasser gefüllten Gefäß (Abb. 19) sei ein horizontales zylindrisches Rohr angeschlossen, dann steht ein Wasserteilchen an der Öffnung, welche vorerst geschlossen sein soll, unter dem Überdruck h m W.S. Tritt nun ein Wasserteilchen von der Masse m durch die Öffnung mit der Geschwindigkeit $c \dfrac{m}{sk}$ aus, so ist seine kinetische Energie (Energie der Geschwindigkeit) $\dfrac{m c^2}{2}$. Gleichzeitig sinkt der Wasserspiegel entsprechend dem ausgetretenen Teilchen. Soll aber der Wasserspiegel in gleicher Höhe bleiben, dann ist ein Wasserteilchen von der Masse m hinzuzusetzen;

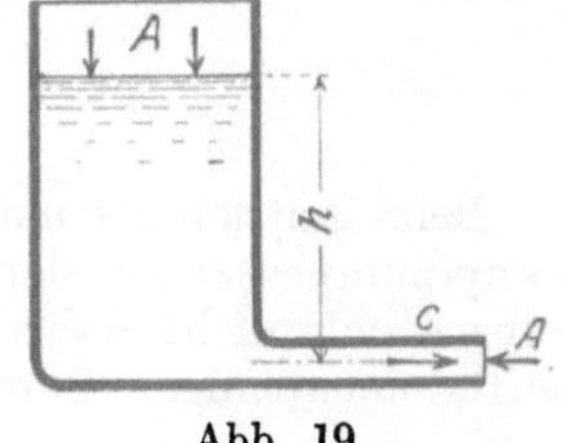

Abb. 19.

dieses Teilchen besitzt die potentielle Energie (Energie der Lage) m g h. Bei Vernachlässigung der auftretenden Reibungswiderstände ist dann:

$$m g h = \frac{m c^2}{2} \quad \text{oder} \quad h = \frac{c^2}{2g}.$$

Hieraus folgt, daß zur Erzielung der Wassergeschwindigkeit von $c\,\dfrac{m}{sk}$ im Rohr ein Druck von h m W.S. notwendig ist. Es ist $Q = Fc$ oder $c = \dfrac{Q}{F}$. Da die Querschnitte des Rohres überall gleich sind, ist auch die Wassergeschwindigkeit im Rohr überall dieselbe.

β) Saugwirkung einer einfach wirkenden Plungerpumpe ohne Windkessel. (Abb. 20.)

Für das bessere Verständnis ist es zweckmäßig, zuerst die Saugwirkung einer Kolbenpumpe ohne Windkessel zu betrachten.

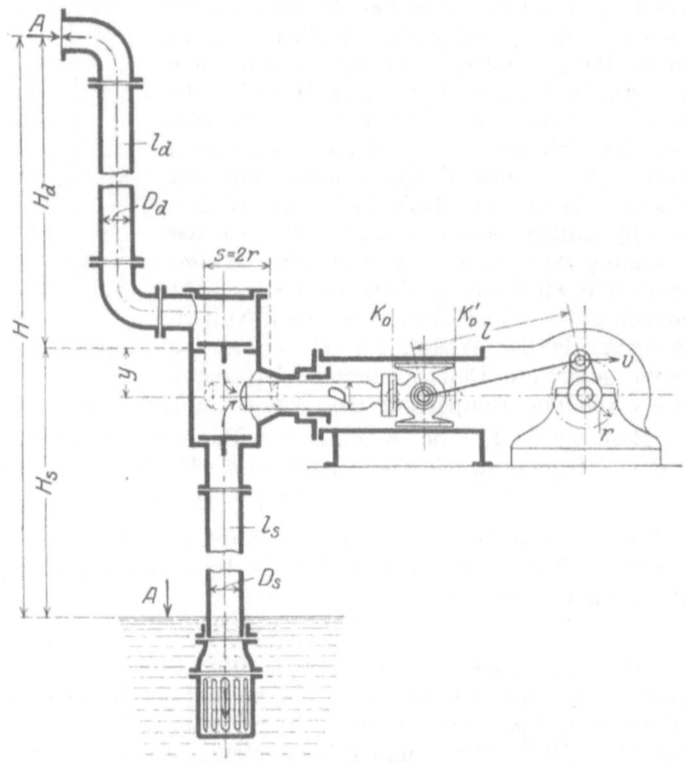

Abb. 20.

Beim Antrieb der meisten Kolbenpumpen (außer den unmittelbar wirkenden Dampfpumpen) wird der Kurbeltrieb verwendet. Die Bewegung des Plungerkolbens entspricht daher den Bewegungsverhältnissen des Kurbeltriebes. Die hierfür notwendigen Bezeichnungen seien:

r Kurbelhalbmesser in m, v Geschwindigkeit des Kurbelzapfens in $\dfrac{m}{sk}$,

l Schubstangenlänge in m, c die augenblickliche Kolbengeschwindigkeit in $\dfrac{m}{sk}$,

p die augenblickliche Kolbenbeschleunigung in $\dfrac{m}{sk^2}$.

Bezeichnet h_z den Wasserdruck in m W.S. im höchsten Punkt des Zylinders während der Saugwirkung, dann ist nach dem Obigen:

$$h_z = A - H_s - H_{ws}.$$

Die Saughöhe H_s ist der senkrechte Abstand vom niedrigsten Wasserspiegel im Brunnen bis zum höchsten Punkt des Zylinderraums (Dichtungsfläche des Druckventils). Dies ist besonders bei doppeltwirkenden Pumpen stehender Bauart (Abb. 9 u. 10) zu beachten; hier befindet sich der höchste Punkt unter dem oberen Druckventil.

Es ist:
$$H_{ws} = h_1 + h_2 + h_3 + h_4,$$
wobei h_1, h_2, h_3 und h_4 die Einzelwiderstände in m W.S. bedeuten; dieselben sollen nun einzeln betrachtet werden.

1. Beim Saugen habe die Wassersäule im Saugrohr die Geschwindigkeit $c_s \frac{m}{sk}$, dann ist nach dem oben Erwähnten die Druckhöhe $h_1 = \frac{c_s^2}{2\,g}$ zur Erzeugung der Geschwindigkeit notwendig.

2. Beim Durchfließen des Wassers durch das Saugrohr und bei der Bewegung desselben im Zylinder treten Reibungswiderstände auf.

Hierzu kommen noch die Widerstände, welche durch Richtungs- und Geschwindigkeitsänderung hervorgerufen werden, wie dies im Saugkorb, Fußventil, in etwa vorhandenen Krümmungen des Saugrohrs und im Zylinder der Fall ist. Bei genauer Berechnung muß die Saugleitung in so viele Teile zerlegt werden, als die Querschnitte verschieden groß sind. Praktisch genügt es jedoch, ein Rohr von unveränderlichem Querschnitt F_s und der Länge l_s anzunehmen. Faßt man ebenfalls die sämtlichen Widerstandszahlen in $\Sigma \zeta_s$ zusammen, dann ist nach der Hydrodynamik (siehe Hütte I oder Dubbel, Taschenbuch für den Maschinenbau)

$$h_2 = \Sigma \zeta_s \frac{c_s^2}{2\,g}.$$

Soll keine Trennung der Wassersäule stattfinden, dann muß $F_s c_s = F c$ sein (Kontinuitätsgleichung, siehe auch S. 58).

Hieraus folgt
$$c_s = \frac{F}{F_s}\,c$$

und somit
$$h_2 = \Sigma \zeta_s \left(\frac{F}{F_s}\right)^2 \frac{c^2}{2\,g}, \quad h_1 = \left(\frac{F}{F_s}\right)^2 \frac{c^2}{2\,g}.$$

h_1 und h_2 ändern sich demnach wie das Quadrat der Kolbengeschwindigkeit, sie sind also zu Beginn und am Ende des Hubes gleich Null.

3. Zum Öffnen des Saugventils ist eine bestimmte Druckhöhe h_{sv}' notwendig. Ist das Ventil geöffnet, dann kann der Durchgangswiderstand als unveränderlich angesehen werden, derselbe sei h_{sv}, dann ist $h_{sv}' > h_{sv}$. (Weiteres siehe Ventilberechnung.)

4. Die Wassermasse $\dfrac{F_s l_s \gamma}{g}$ wird mit der Beschleunigung p_s bewegt, somit ist nach der dynamischen Grundgleichung:

$$P = m\,p = \frac{F_s l_s \gamma}{g} \cdot p_s.$$

Bezeichnet h_4 die Druckhöhe (in m W.S.), welche zur Überwindung des Beschleunigungswiderstandes notwendig ist, dann ist auch $P = F_s h_4 \gamma$ und

somit: $F_s h_4 \gamma = \dfrac{F_s l_s \gamma}{g}\,p_s$ oder $h_4 = \dfrac{l_s}{g}\,p_s$. Nun ist $F_s c_s = F c$, demnach auch

$F_s p_s = F p$ und $p_s = \dfrac{F}{F_s}\, p$. Mit diesem Wert erhält man:

$$h_4 = \frac{l_s}{g}\,\frac{F}{F_s}\,p.$$

Die Druckhöhe h_4 ist wie die Kolbenbeschleunigung p in den Totlagen am größten und etwa in der Mitte des Hubes gleich Null.

Die Kolbenbeschleunigung in den Totlagen K_0 und K_0' (Abb. 20) ist:

$$p_0 = \frac{v^2}{r}\,(1 + \lambda) \quad \text{und} \quad p_0' = \frac{v^2}{r}\,(1 - \lambda).$$ Das Längenverhältnis $\lambda = \dfrac{r}{l}$ beträgt

gewöhnlich $\dfrac{1}{5}$, somit $p_0 = \dfrac{6}{5}\,\dfrac{v^2}{r}$. Beim Beginn des Saughubes ist somit:

$$h_{4\,\text{max}} = \frac{l_s}{g}\,\frac{F}{F_s}\,p_0.$$

Bei der doppeltwirkenden Pumpe (Abb. 8) ist stets $h_{4\,\text{max}}$ der linken Pumpenseite in Rechnung zu setzen, da hierfür p_0 in Frage kommt. Versuche zeigen, daß die Widerstandshöhe h_4 den größten Einfluß auf die Veränderlichkeit von H_{ws} hat. Da h_4 beim Beginn des Saughubes den größten Wert hat, sei dieser Augenblick näher betrachtet. Beim Beginn des Saughubes sind h_1 und h_2 gleich Null, somit ist: $h_z = A - H_s - h_{s\,v}' - \dfrac{l_s}{g}\,\dfrac{F}{F_s}\,p_0.$

Wird $h_z < h_t$, dann entstehen Dämpfe im Zylinder und die Saugwassersäule bewegt sich selbsttätig, folgt also der Kolbenbewegung nicht mehr.

Wenn die Kolbengeschwindigkeit in der zweiten Hubhälfte abnimmt, wird meist durch die Saugwassersäule ein **Wasserschlag** hervorgerufen. Hierbei kann Mehrförderung durch vorzeitiges Öffnen des Druckventils entstehen, dies hat unter Umständen Schlagen des Saugventils bei der Kolbenumkehr zur Folge. Es kann aber auch die Wasserlieferung vermindert werden, wenn der Zylinder infolge von Dämpfen während des Saughubes nicht voll gefüllt wird.

Wird ein **stoßfreier** Gang der Pumpe verlangt, dann darf die Saugwassersäule nicht vom Kolben abreißen, d. h. $h_z > h_t$, oder:

$$A - H_s - h_{s\,v}' - \frac{l_s}{g}\,\frac{F}{F_s}\,p_0 > h_t.$$

Man muß also bedacht sein, $h_{4\,\text{max}}$ möglichst klein zu erhalten. Dies wird durch Anwendung eines Saugwindkessels erreicht.

γ) **Saugwirkung einer einfach wirkenden Plungerpumpe mit Windkessel (Abb. 21).**

Beim Saughube wird das Wasser dem Saugwindkessel entnommen und es wird nur die zwischen Saugwindkessel und Pumpenkolben befindliche Wassersäule entsprechend der Kolbenbewegung beschleunigt und verzögert. Wie aus Abb. 21 ersichtlich ist, ist die Länge l_s' klein, da der Saugwindkessel sehr nahe am Saugventil angeordnet ist. Damit ist der Zweck erreicht, den Beschleunigungswiderstand h_4 klein zu erhalten.

Da während des Betriebes das Wasser im Saugrohr mit annähernd unveränderlicher Geschwindigkeit fließt, ist: $F_s c_s = Q$, oder $F_s = \dfrac{Q}{c_s}$. Die Wassergeschwindigkeit c_s wird bei kurzem Saugrohr zu $1\ \dfrac{m}{sk}$ und bei langem Saugrohr zu $0{,}5\ \dfrac{m}{sk}$ gewählt.

Der Luftdruck A_s im Saugwindkessel beträgt während des Betriebes:

$$A_s = A - h_s - \frac{c_s{}^2}{2g} - \Sigma \zeta_s \frac{c_s{}^2}{2g}.$$

Damit zu Beginn des Saughubes die Wassersäule dem Kolben folgt, erhält man nun die Bedingung:

$$A_s - h_s{}' - h_{s\,v}{}' - \frac{l_s{}'}{g} \frac{F}{F_s{}'} p_0 > h_t.$$

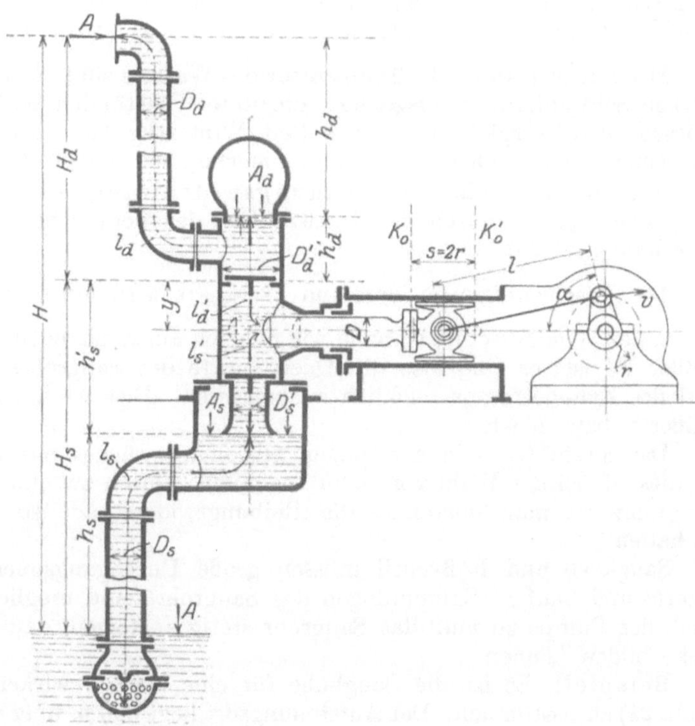

Abb. 21.

Den Wert von A_s eingesetzt, folgt unter Berücksichtigung von $h_s + h_s{}' = H_s$

$$A - H_s - h_{s\,v}{}' - \frac{l_s{}'}{g} \frac{F}{F_s{}'} p_0 - \frac{c_s{}^2}{2g} (1 + \Sigma \zeta_s) > h_t.$$

δ) Erreichbare Saughöhe.

Aus der obigen Gleichung erhält man für Kolbenpumpen mit Windkessel:

$$H_s < A - h_t - h_{s\,v}{}' - \frac{l_s{}'}{g} \frac{F}{F_s{}'} p_0 - \frac{c_s{}^2}{2g} (1 + \Sigma \zeta_s).$$

Diese Gleichung zeigt, von welchen Faktoren die Größe der Saughöhe abhängig ist.

Da der Luftdruck mit wachsender Höhe abnimmt, ist der Aufstellungsort der Pumpe von Einfluß auf H_s. Hütte, Band I, 23. Aufl. gibt bei mittlerem Atmosphärenzustand und mittlerer Temperatur der Luftsäule $t_m = 0^0$ folgende Werte auf Seite 332 an:

Höhe über dem Meeresspiegel in m	0	100	200	300	400	500	600	800	1000	1500	2000
A in mm Q.S. (0^0 C)	760	751	742	733	724	716	707	690	674	635	598
A in m W.S. (4^0 C)	10,3	10,2	10,1	9,9	9,8	9,7	9,6	9,4	9,2	8,6	8,1

Ferner ist die Temperatur des Wassers bei Bestimmung der Saughöhe zu beachten, da der Druck h_t von der Temperatur abhängig ist. Werte für h_t gibt folgende Tabelle nach Hütte, Band I, 23. Aufl., S. 418.

Temperatur t^0 C . .	0	10	20	30	40	50	60	70	80	90	100
h_t in mm Q.S. (0^0 C)	4,6	9,17	17,4	31,5	54,9	92	148,8	233,1	354,6	525,4	760
h_t in m W.S. (4^0 C)	0,06	0,12	0,24	0,43	0,75	1,25	2,02	3,17	4,82	7,14	10,33

Der Luftdruck und die Temperatur des Wassers sind bei ausgeführten Pumpwerken Schwankungen ausgesetzt, die unter Umständen berücksichtigt werden müssen, man vergleiche einen kalten Wintertag bei hohem Barometerstand mit einem regnerischen warmen Sommertag bei tiefem Barometerstand.

Ebenso beeinflußt der Öffnungswiderstand des Saugventils die Saughöhe; $h_{s\,v}'$ ist durch die Konstruktion des Ventils bestimmt (siehe Ventilberechnung S. 26).

Der Beschleunigungswiderstand $\dfrac{l_s'}{g}\dfrac{F}{F_s'}\,p_0$ wird um so kleiner 1. je kleiner l_s' ist; der Windkessel ist so nahe wie möglich am Saugventil anzuordnen. 2. Je größer F_s' ist; es sind also die Querschnitte des Saugrohrs, des Ventilkastens und des Zylinderraums reichlich zu bemessen. Dies ist um so notwendiger, je größer v bzw. n ist.

Das letzte Glied in der obigen Gleichung wächst mit dem Quadrat von c_s, dies ist bei der Wahl von c_s zu beachten. Durch zweckmäßige Führung des Saugrohrs ist man imstande, die Reibungswiderstände so klein wie möglich zu halten.

Saugkorb und Fußventil müssen große Durchgangsquerschnitte erhalten, scharfe und häufige Krümmungen des Saugrohrs sind möglichst zu vermeiden. Nach der Pumpe zu muß das Saugrohr stetig ansteigen, damit sich keine Luftsäcke bilden können.

Beispiel: Es ist die Saughöhe für eine einfach wirkende Plungerpumpe (Abb. 21) zu bestimmen. Der Aufstellungsort liegt 300 m über dem Meeresspiegel. Die mittlere Temperatur des Wassers beträgt 20^0 C. Nach den örtlichen Verhältnissen sind in die Saugleitung 2 Krümmer einzubauen. Der Entwurf gibt folgende Abmessungen: $l_s = 16$ m, $l_s' = 0{,}53$ m, D = 120 mm, s = 180 mm, n = 100/min.

Aus den obigen Tabellen folgt für die Höhe von 300 m, **A = 9,9 m W.S.** und für die Temperatur t = 20^0 C, $h_t = \mathbf{0{,}24}$ **m W.S.** Der Öffnungswiderstand des Saugventils beträgt $h_{s\,v}' = \mathbf{1{,}53}$ **m W.S.** (Berechnung siehe S. 28).

Mit $2\,r = s = 0{,}180$ m folgt $v = \dfrac{2\pi r n}{60} = \dfrac{\pi \cdot 0{,}18 \cdot 100}{60} = 0{,}94\,\dfrac{m}{sk}$. Der Kolbenquerschnitt F beträgt $F = \dfrac{\pi \cdot 0{,}12^2}{4} = 0{,}0113$ qm. Der Querschnitt $F_s' = \dfrac{\pi D_s'^2}{4}$ ist durch die Ventilkonstruktion bestimmt zu $F_s' = \dfrac{\pi \cdot 0{,}14^2}{4} = 0{,}0154$ qm.

Die Kolbenbeschleunigung in der Totlage K_0 beträgt $p_0 = \dfrac{6}{5}\dfrac{v^2}{r} = \dfrac{6}{5}\dfrac{0{,}94^2}{0{,}09} = 11{,}7\ \dfrac{m}{sk^2}$.

Mit diesen Werten erhält man:

$$h_{4\,max} = \frac{l_s'}{g}\frac{F}{F_s'}\,p_0 = \frac{0{,}53 \cdot 0{,}0113 \cdot 11{,}7}{9{,}81 \cdot 0{,}0154} = 0{,}46\ \mathbf{m\ W.S.}$$

Die Wassergeschwindigkeit im Saugrohr werde zu $c_s = 0{,}7\ \dfrac{m}{sk}$ gewählt, dann ist: $F_s = \dfrac{Q}{c_s}$, nun ist $Q = \dfrac{F\,s\,n}{60} = \dfrac{0{,}0113 \cdot 0{,}18 \cdot 100}{60} = 0{,}0034\ \dfrac{cbm}{sk}$, somit $F_s = \dfrac{0{,}0034}{0{,}7} = 0{,}00486$ qm und $D_s = 0{,}079$ m; gewählt $D_s = 80$ mm.

Die Summe der Widerstandszahlen setzen sich zusammen wie folgt:

1. Widerstandszahl der Leitung (Hütte I) $\zeta = \dfrac{\lambda l}{d}$, hierbei ist $\lambda = 0{,}02 + \dfrac{0{,}0018}{\sqrt{c\,d}}$, in unserem Fall $\lambda = 0{,}03$ und $\zeta = \dfrac{0{,}03 \cdot 16}{0{,}08} = 6$.

2. Widerstandszahl der beiden Krümmer, nach Hütte I ist bei $\dfrac{d}{r} = 0{,}8$, $\zeta = 2 \cdot 0{,}2 = 0{,}4$.

3. Durchgangswiderstand des Saugkorbs $\zeta = 1{,}6$.

4. Durchgangswiderstand des Fußventils $\zeta = 3$.

Mit diesen Werten erhält man $\Sigma\,\zeta_s = 6 + 0{,}4 + 1{,}6 + 3 = 11$ und somit

$$\frac{c_s^2}{2g}\,(1 + \Sigma\,\zeta_s) = \frac{0{,}49 \cdot 12}{2 \cdot 9{,}81} = 0{,}3\ \mathbf{m\ W.S.}$$

Setzt man sämtliche Werte in die Gleichung für die Saughöhe ein, so erhält man: $H_s < 9{,}9 - 0{,}24 - 1{,}53 - 0{,}46 - 0{,}3$ oder $H_s < 7{,}37$ m.

Die Berechnung ist für die mittleren Verhältnisse durchgeführt worden. Setzt man die ungünstigsten Verhältnisse voraus, d. h. tiefsten Barometerstand 700 mm Q.S. und höchste Temperatur des Wassers von 30^0 C, dann ist $A = 0{,}7 \cdot 13{,}6 = 9{,}5$ m W.S. und $h_t = 0{,}43$ m W.S. Berücksichtigt man außerdem die Vergrößerung des Reibungswiderstandes durch Ansatz von Rost oder anderen Niederschlägen im Saugrohr, dann erhält man $\Sigma\,\zeta_s = 1{,}5 \cdot 11 = 16{,}5$ und $\dfrac{c_s^2}{2g}(1 + \Sigma\,\zeta_s) = \dfrac{0{,}49 \cdot 17{,}5}{2 \cdot 9{,}81} = 0{,}44$ m W.S. Mit diesen Werten ergibt sich:

$$H_s < 9{,}5 - 0{,}43 - 1{,}53 - 0{,}46 - 0{,}44$$
$$H_s < 6{,}64\ \text{m}.$$

Man wählt $H_s = 6$ m, um eine Sicherheit zu haben.

b) Druckwirkung.

α) Druckwirkung einer einfach wirkenden Plungerpumpe ohne Windkessel (Abb. 20).

Die Druckwassersäule wird durch den Plunger in der ersten Hälfte des Hubes beschleunigt, dieser Bewegung wirken der Atmosphärendruck auf die Ausflußöffnung, das Gewicht der Druckwassersäule und die Bewegungswiderstände entgegen.

Bezeichnet man h_{zm}' die mittlere Pressung im Zylinder in m W.S., dann ist:

$$h_{zm}' = A + (H_d + y) + H_{wd}.$$

Bei Kesselspeisepumpen und Preßpumpen tritt an Stelle von A der entsprechende Druck in m W.S. Es ist: $H_{wd} = h_1 + h_2 + h_3 + h_4$.

1. Zur Erzeugung der Wassergeschwindigkeit c_d im Druckrohr ist die Druckhöhe $h_1 = \dfrac{c_d{}^2}{2g}$ notwendig.

2. Es sind die Reibungswiderstände des Druckrohrs und die Widerstände, welche durch Richtungs- und Geschwindigkeitsänderung im Zylinder und Druckrohr hervorgerufen werden, zu überwinden. Nach früherem (siehe Saugwirkung) ist:

$$h_2 = \Sigma \zeta_d \frac{c_d{}^2}{2g}.$$

Nun ist $F_d c_d = F c$, daher $c_d = \dfrac{F}{F_d} c$. Mit diesem Wert folgt:

$$h_2 = \Sigma \zeta_d \left(\frac{F}{F_d} \right)^2 \frac{c^2}{2g} \quad \text{und} \quad h_1 = \left(\frac{F}{F_d} \right)^2 \frac{c^2}{2g}.$$

h_1 und h_2 ändern sich demnach wie das Quadrat der Kolbengeschwindigkeit.

3. Der Öffnungswiderstand h_{dv}' des Druckventils ist größer als der Durchgangswiderstand h_{dv} des geöffneten Druckventils, der letztere Widerstand kann als unveränderlich angenommen werden.

4. Die Wassermasse $\dfrac{F_d l_d \gamma}{g}$ wird mit der Beschleunigung p_d bewegt. Nach der dynamischen Grundgleichung $P = m p$ folgt $P = \dfrac{F_d l_d \gamma}{g} p_d$. Bezeichnet h_4 die Druckhöhe, welche zur Überwindung des Beschleunigungswiderstandes notwendig ist, dann ist: $F_d h_4 \gamma = \dfrac{F_d l_d \gamma}{g} p_d$ oder $h_4 = \dfrac{l_d}{g} p_d = \dfrac{l_d}{g} \dfrac{F}{F_d} p$.

Die Druckhöhe h_4 ändert sich wie die Kolbenbeschleunigung p und hat den größten Einfluß auf h_{zm}'.

Während der zweiten Hälfte des Druckhubes nimmt h_{zm}' infolge des Arbeitsvermögens der bewegten Wassermassen ab. h_{zm}' kann so klein werden, daß das Saugventil sich öffnet und Mehrförderung stattfindet. Dieselbe ist jedoch kein Gewinn, da bei der Kolbenumkehr das Druckventil meist mit heftigem Schlag schließt. Außerdem kann ein Abreißen der Wassersäule an irgend einer Stelle des Druckrohrs, besonders bei Krümmungen, stattfinden, wenn die Widerstände, welche der Bewegung des Wassers entgegenwirken, beim Hubende eine kleinere Verzögerung als die größte Verzögerung des Kolbens hervorrufen. Bei Wiedervereinigung entsteht dann ein Wasserschlag.

Die größte Verzögerung beim Hubende ist: $p_0 = \dfrac{v^2}{r} (1 + \lambda)$, für $\lambda = \dfrac{1}{5}$ folgt $p_0 = \dfrac{6}{5} \dfrac{v^2}{r}$. Beim Hubende sind h_1 und h_2 gleich Null, demnach wird für irgend einen Querschnitt des Druckrohrs die Pressung in m W.S. $h_x = A + H_x - \dfrac{6}{5} \dfrac{l_x}{g} \dfrac{F}{F_d} \dfrac{v^2}{r}$. Hierbei bedeutet H_x die senkrechte Entfernung dieses Querschnittes vom Ausguß und l_x die Länge des Druckrohrs von diesem Querschnitt bis zum Ausguß. Wird $h_x < h_t$, dann entwickeln sich Dämpfe und es findet eine Trennung der Wassersäule in diesem Querschnitt statt. Soll ein Abreißen der Wassersäule vermieden werden, dann erhält man die Bedingung

$$A + H_x - \frac{6\,l_x\,F\,v^2}{5\,g\,F_d\,r} > h_t$$

oder

$$A + H_x - h_t > \frac{6}{5}\,\frac{l_x}{g}\,\frac{F}{F_d}\,\frac{v^2}{r}.$$

Der schädliche Einfluß von h_4 wird durch Anordnung eines Druckwindkessels wesentlich verkleinert.

β) **Druckwirkung einer einfach wirkenden Plungerpumpe mit Windkessel (Abb. 21).**

Beim Druckhube drückt der Plunger das Wasser in den Druckwindkessel und es wird nur die zwischen dem Plunger und dem Druckwindkessel befindliche Wassersäule beschleunigt und verzögert. Um die Länge l_d' klein zu erhalten, ist der Windkessel so nahe wie möglich an das Druckventil heranzubringen. Während des Betriebes strömt das Wasser mit der annähernd unveränderlichen Geschwindigkeit c_d durch das Druckrohr, somit ist: $Q = F_d\,c_d$ und $F_d = \dfrac{Q}{c_d}$. Der Luftdruck im Druckwindkessel ist während des Betriebes: $A_d = A + h_d + \dfrac{c_d^2}{2g}\,(1 + \Sigma\,\zeta_d)$. Die mittlere Pressung im Zylinder ist

$$h_{z\,m}' = A_d + (h_d' + y) + H_{w\,d}',$$

wobei $H_{w\,d}'$ die Summe der Widerstände, welche der Bewegung der Wassersäule von der Länge l_d' entgegenwirken, bezeichnet. Aus beiden Gleichungen folgt, da $h_d' + h_d = H_d$ ist (Abb. 21)

$$h_{z\,m}' = A + (H_d + y) + \frac{c_d^2}{2g}\,(1 + \Sigma\,\zeta_d) + H_{w\,d}'.$$

Demnach wächst $h_{z\,m}'$ mit größer werdendem c_d, man wählt daher $c_d = 1\,\dfrac{m}{sk}$ für große Pumpen und lange Leitungen, $c_d = 1{,}5$ bis $2\,\dfrac{m}{sk}$ für kleine Pumpen und kurze Leitungen, bei hohen Drücken auch darüber.

Bei manchen Anlagen ist es zweckmäßig, die mit zunehmendem F_d wachsenden Anlagekosten der Rohrleitung und die mit zunehmenden Leitungswiderständen wachsenden Betriebskosten gegeneinander abzuwägen.

Richtungs- und Querschnittsänderung der Rohrleitung muß man möglichst vermeiden.

Die Druckhöhe H_d ist durch die Festigkeit des verwendeten Materials begrenzt.

Beispiel: Wie groß muß bei einer liegenden Differentialpumpe (Abb. 13) der Stufenplunger bemessen werden, wenn die Antriebskraft beim Hin- und Rückgang gleich groß sein soll?

Bezeichnet P_1 die notwendige Kolbenkraft beim Hingang und P_2 dieselbe beim Rückgang in kg und wird H_s und H_d bis zur Mitte Plunger gemessen, dann ist:

$$P_1 = \gamma\,(F - f)\,(A + H_d + H_{w\,d}) - \gamma\,F\,(A - H_s - H_{w\,s}) + \gamma\,f\,A$$
$$P_2 = \gamma\,f\,(A + H_d + H_{w\,d}') - \gamma\,f\,A$$
$$P_1 = P_2.$$

Nach einigen Umformungen erhält man, wenn man $H = H_s + H_d$ und $H_w = H_{ws} + H_{wd}$ setzt:

$$f = \frac{F}{2}\,\frac{H + H_w}{H_d + H_{wd}}.$$

c) Wirkungsweise und Berechnung der Windkessel.

Durch Einschalten eines elastischen Zwischenglieds (Luftinhalt des Windkessels) wird die Leitung so in zwei Teile zerlegt, daß nur die zwischen Windkessel und Pumpe befindliche Wassersäule der Kolbenbewegung folgt, also beschleunigt und verzögert wird, während die zwischen Saugkorb bzw. Ausguß und Windkessel befindliche Wassersäule sich mit annähernd unveränderlicher Geschwindigkeit bewegt.

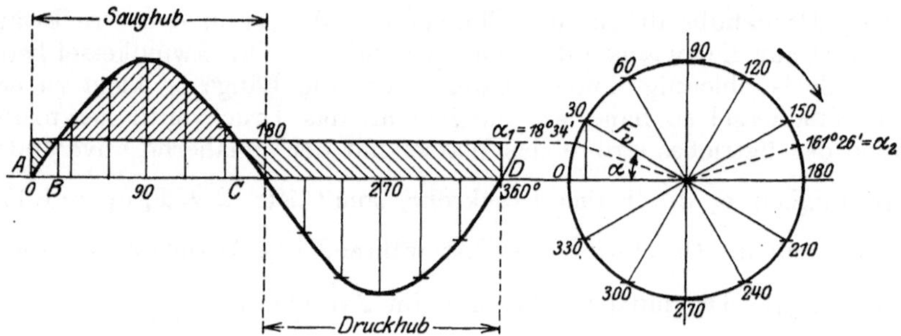

Abb. 22. Einfach wirkende Pumpe nach Abb. 21.

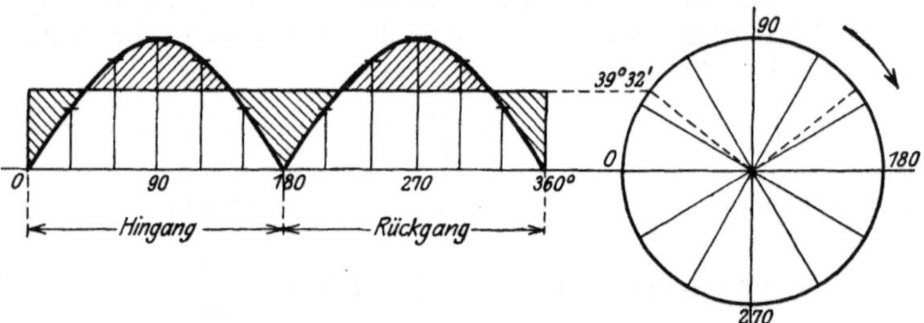

Abb. 23. Doppelt wirkende Pumpe nach Abb. 11.

Dieser Vorgang soll bei dem Saugwindkessel einer einfach wirkenden Pumpe (Abb. 21) näher betrachtet werden. Beim Hingang saugt der Plunger die Wassermenge $F\,c\,\dfrac{\text{cbm}}{\text{sk}}$ aus dem Saugwindkessel an, demnach wird während des Zeitteilchens dt die Wassermenge $dW = F\,c\,dt$ angesaugt. Die Zeit eines Hubes beträgt $t = \dfrac{60}{2\,n} = \dfrac{30}{n}$ sk und somit ist die gesamte angesaugte Wassermenge

$$W = \int_0^{\frac{30}{n}} F\,c\,dt.$$

Nimmt man die Schubstangenlänge $l = \infty$ an, dann ist: $c = v \sin \alpha$; mit diesem Wert erhält man: $W = \int_0^{\frac{30}{n}} F\,v\,\sin a\,dt.$ Nun ist die Winkelgeschwindigkeit $\omega = \dfrac{d\alpha}{dt} = \dfrac{v}{r}$, hieraus folgt $dt = \dfrac{r}{v} d\alpha$, somit $W = \int\limits_{0}^{\frac{30}{n}} Fr\sin\alpha\,d\alpha$

$$= Fr \int\limits_{0}^{\frac{30}{n}} \sin\alpha\,d\alpha.$$

Für den Saughub erhält man

$$W = Fr \int\limits_{0}^{180^{0}} \sin\alpha\,d\alpha = Fr\,(-\cos\alpha)\Big|_{0}^{180^{0}} = F2r = Fs.$$

Für den Druckhub erhält man dieselben Gleichungen, nur ist zu berücksichtigen, daß das Wasser von dem Plunger dem Druckwindkessel zugeführt wird.

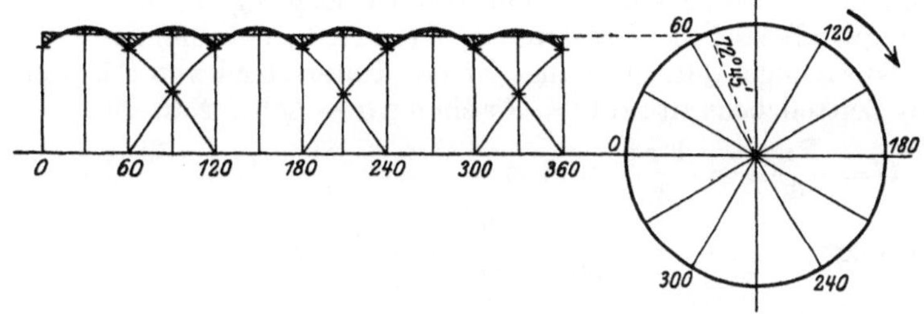

Abb. 24. Drei einfach wirkende Pumpen nach Abb. 3 unter 120° gekuppelt.

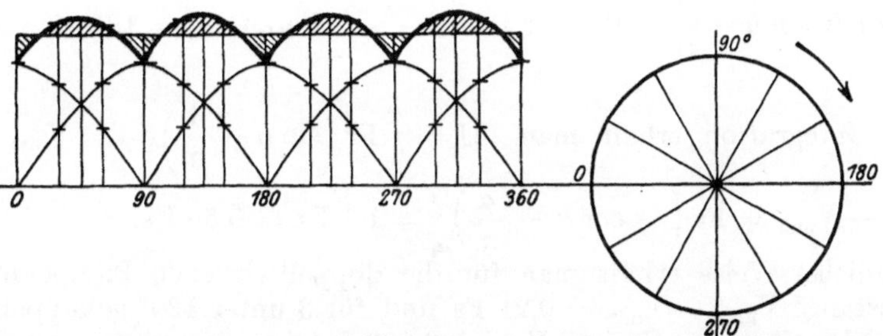

Abb. 25. Zwei doppelt wirkende Pumpen nach Abb. 11 unter 90° gekuppelt.

Ist $l = \infty$ und v unveränderlich, dann ändert sich die Kolbengeschwindigkeit c wie der Sinus des Winkels α; da F ebenfalls unveränderlich ist, ändert sich auch die sekundliche Wassermenge $Fc = Fv\sin\alpha$ wie der Sinus des Winkels α. Mit Hilfe einer Sinuslinie, welche über der Zeit t als Abszisse gezeichnet ist, kann man daher die Wirkungsweise zeichnerisch darstellen. Man beschreibt in einem beliebigen Maßstab einen Kreis mit dem Radius Fv (Abb. 22) und teilt den Umfang in gleiche Teile ein. Auf der Abszissenachse trägt man die Zeit eines Doppelhubes $2t = \dfrac{60}{n}$ sk ab und teilt dieselbe in gleich viele Teile wie vorhin ein. In den Teilpunkten der Abszissenachse trägt man die zugehörigen Ordinaten $Fv\sin\alpha$ ab, welche man aus dem Kreis erhält. Die Fläche zwischen der Abszissenachse und der Sinuslinie stellt dann die Wassermenge W während des Saugens bzw. des Drückens dar.

In den Abb. 23 bis 25 ist die Wasserverdrängung aus dem Zylinder von verschiedenen Pumpenarten zeichnerisch dargestellt. Es ist $Q = F_s c_s$ bzw. $Q = F_d c_d$; in den Schaubildern ist Q durch eine Gerade dargestellt, welche über der Abszissenachse ein der Sinusfläche gleiches Rechteck bildet. Aus Abb. 22 ist ersichtlich, daß bei B und C der Zufluß und der Abfluß im Saugwindkessel gleich groß ist. Von B bis C wird dem Windkessel mehr Wasser entnommen, als ihm zufließt, der Wasserspiegel im Windkessel sinkt und der Luftinhalt nimmt zu.

Bei C wird daher der Luftinhalt ein Maximum (V_{max}) sein. Von C bis D und A bis B fließt dem Windkessel die zuviel entnommene Wassermenge wieder zu, so daß der Wasserspiegel wieder steigt und bei B der Luftinhalt ein Minimum (V_{min}) ist. Die in Abb. 22 rechts aufwärts gestrichelte Fläche stellt die Wassermenge dar, um welche sich der Wasserinhalt des Windkessels periodisch ändert. Betrachtet man den veränderlichen Luftraum, dann stellt diese Fläche ($V_{max} - V_{min}$) dar.

Während des Zeitteilchens dt oder des zurückgelegten Kurbelwinkels dα wird dem Saugwindkessel die Wassermenge Fr sin α dα entnommen. Gleichzeitig fließt die Wassermenge Q dt zu, daher ist der Unterschied von Ab- und Zufluß während des Zeitteilchens dt: dU = F r sin α dα — Qdt. Nun ist:

$$Q = \frac{F s n}{60} = \frac{F r n}{30} \quad \text{und} \quad \omega = \frac{d\alpha}{dt} = \frac{\pi n}{30}; \quad dt = \frac{30}{\pi n} d\alpha.$$

Hieraus folgt: $\quad Q dt = \frac{F r n}{30} \cdot \frac{30}{\pi n} d\alpha = \frac{F r}{\pi} d\alpha.$

Mit diesem Wert erhält man: $d U = F r \left(\sin \alpha - \frac{1}{\pi} \right) d\alpha.$ Bei B und C ist

$d U = 0$, somit $\sin \alpha - \frac{1}{\pi} = 0$, oder $\sin \alpha = \frac{1}{\pi}$. Hieraus $\alpha_1 = 18^0\,34'$ und $\alpha_2 = 161^0\,26'.$

Durch Integration erhält man: $U = \int\limits_{\alpha_1}^{\alpha_2} F r \left(\sin \alpha - \frac{1}{\pi} \right) d\alpha = V_{max} - V_{min}$

oder $V_{max} - V_{min} = F r \left(- \cos \alpha - \frac{\alpha}{\pi} \right)_{\alpha_1}^{\alpha_2} = 1{,}1\, F r = 0{,}55\, F s.$

In ähnlicher Weise erhält man für die doppeltwirkende Pumpe mit Umführungsgestänge $V_{max} - V_{min} = 0{,}21\, F s$ und für 3 unter 120^0 gekuppelten einfach wirkenden Pumpen $V_{max} - V_{min} = 0{,}009\, F s.$

Man nennt das Verhältnis $\frac{V_{max} - V_{min}}{V_m} = \delta$ den Ungleichförmigkeitsgrad des Windkessels, hierbei ist V_m der mittlere Luftinhalt des Windkessels. Für eine einfach wirkende Pumpe ist: $V_m = \frac{V_{max} - V_{min}}{\delta} = \frac{0{,}55\, F s}{\delta}$; δ ist zu wählen, man findet die Werte $\delta = 0{,}01$ bis $0{,}05$.

Da man bei der obigen Bestimmung von V_m δ doch wählen muß, hat man vielfach den praktischen Weg der Erfahrung eingeschlagen, indem man V_m als ein Vielfaches des Hubvolumens F s wählt. Man wählt für den Saugwindkessel $V_m = 5$ bis $10\, F s$ und für den Druckwindkessel $8\, F s$ und um so mehr, je länger die Druckleitung ist.

Beim Druckwindkessel wird beim Ingangsetzen der Pumpe der Luftdruck größer als derjenige während des Betriebs. Die Druckerhöhung ist von der Schnelligkeit des Anfahrens, der Länge l_d des Druckrohrs und dem Luftinhalt des Windkessels abhängig und darf nicht zu groß werden.

Aus der Gleichung $A_s = A - h_s - \frac{c_s^2}{2g}(1 + \Sigma \zeta_s)$ folgt: $c_s = \sqrt{\frac{2g(A - A_s - h)}{1 + \Sigma \zeta_s}}.$

Unter der Wurzel sind die Größen A_s und h_s veränderlich. Der Luftdruck A_s ändert sich entsprechend dem Luftinhalt von einem Maximum zu einem Minimum und umgekehrt. Ebenso ändert sich die Höhe h_s entsprechend dem Stand des Wasserspiegels im Windkessel. Demnach ändert sich auch die Wassergeschwindigkeit c_s in derselben Weise wie A_s und h_s. Somit ist die obige Annahme von der annähernden Unveränderlichkeit von c_s nicht ohne weiteres zulässig. Vielmehr wird die Saugwassersäule durch die periodische Druckänderung Schwingungen ausführen. Tritt Resonanz zwischen der Eigenschwingungszahl der Saugwassersäule und der Impulszahl der Pumpe ein, dann können Drücke auftreten, die ein Vielfaches des Betriebsdrucks ausmachen. Dasselbe kann auch beim Druckwindkessel zutreffen. Daher ist es in manchen Fällen zweckmäßiger, die Größe des Windkessels so zu bestimmen, daß Resonanzschwingungen vermieden werden.

Näheres hierüber siehe: Die Experimentalstudie von A. Gramberg in der Zeitschrift des Vereins deutscher Ingenieure, Jahrgang 1911, S. 842 und 888 oder H. Berg, Die Kolbenpumpen, II. Aufl. Verlag Springer.

d) Arbeitsweise und Berechnung der Ventile.

Bei den Kolbenpumpen werden Hubventile verwendet, welche unter der Einwirkung des Flüssigkeitsdrucks selbsttätig öffnen und entsprechend der Abnahme dieses Druckes unter der Einwirkung ihres Eigengewichts oder einer Federbelastung selbsttätig schließen. Außerdem finden noch selbsttätige Klappenventile Verwendung. Gesteuerte Ventile werden nicht mehr verwendet.

Zur Bestimmung der Größe und Belastung eines Ventils ist die Kenntnis der Arbeitsweise desselben notwendig. Deshalb werde zuerst die Arbeitsweise eines Hubventils (Abb. 26) betrachtet.

Die hierfür notwendigen Bezeichnungen sind:

c_1 Wassergeschwindigkeit im Ventilsitz in $\frac{m}{sk}$.

$f_1 = \dfrac{\pi . d_1{}^2}{4}$ der Durchgangsquerschnitt im Ventilsitz in qm.

$h =$ der Hub des Ventils in m.

$f = \dfrac{\pi d^2}{4}$ die Fläche desselben in qm.

$u = \pi d$ der äußere Umfang desselben in m.

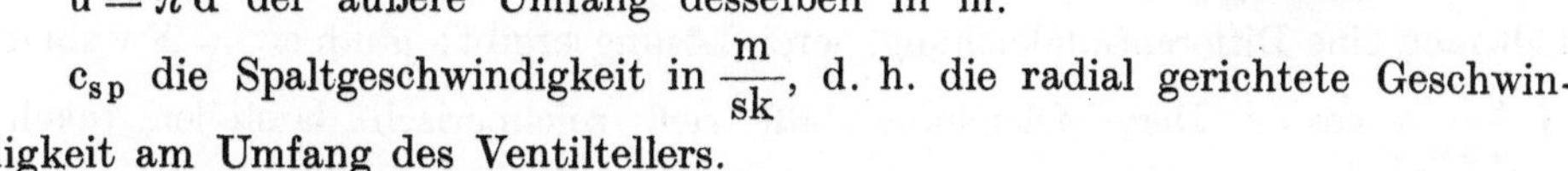

Abb. 26.

c_{sp} die Spaltgeschwindigkeit in $\frac{m}{sk}$, d. h. die radial gerichtete Geschwindigkeit am Umfang des Ventiltellers.

μ der Kontraktionskoeffizient im Spalt, d. h. die Verhältniszahl, welche die Einschnürung des Wasserstrahls im Spalt berücksichtigt.

Sieht man von der Eigenbewegung des Ventils ab, dann ist:

$$\mu\, u\, h\, c_{sp} = f_1\, c_1,$$

nun ist: $f_1 c_1 = F c$, demnach $\mu u h c_{sp} = F c$.

Nimmt man die Schubstangenlänge $l = \infty$ an, dann ist $c = v \sin \alpha$ und damit: $\mu u h c_{sp} = F v \sin \alpha$ oder $h = \dfrac{F v \sin \alpha}{\mu u c_{sp}}$.

Die Spaltgeschwindigkeit c_{sp} ist durch die Ventilbelastung bestimmt und muß daher bei Gewichtsventilen während des Ventilhubs unveränderlich sein.

Nimmt man auch die Zahl μ als unveränderlich an, dann zeigt die Gleichung. daß der Ventilhub h dem Sinus des Kurbelwinkels α proportional ist (Abb. 27),

Die Ventilgeschwindigkeit c_v erhält man aus:

$$c_v = \frac{dh}{dt} = \frac{Fv}{\mu u c_{sp}} \cos \alpha \frac{d\alpha}{dt},$$

nun ist:
$$\frac{d\alpha}{dt} = \omega \text{ und } v = r\omega.$$

Mit diesen Werten folgt: $c_v = \dfrac{Fr\omega^2}{\mu u c_{sp}} \cos \alpha.$

Diese Gleichung zeigt, daß die Ventilgeschwindigkeit c_v dem Kosinus des Kurbelwinkels α proportional ist (Abb. 28). Das Ventil hat beim Öffnen und Schließen seine größte Geschwindigkeit. Beim Schließen wird daher ein Schlag entstehen, wenn die zwischen Ventil und Sitz befindliche Wasserschicht nicht bremsend wirken kann.

Die Ventilbeschleunigung folgt aus: $p_v = \dfrac{dc_v}{dt} = -\dfrac{Fr\omega^2}{\mu u c_{sp}} \sin \alpha \dfrac{d\alpha}{dt}$

oder $p_v = -\dfrac{Fr\omega^3}{\mu u c_{sp}} \sin \alpha = -h\omega^2.$

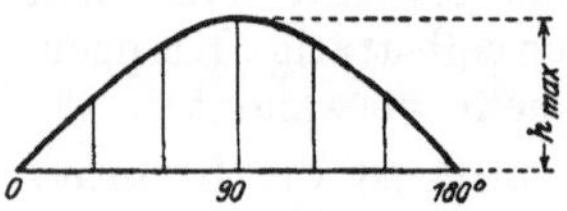

Abb. 27. 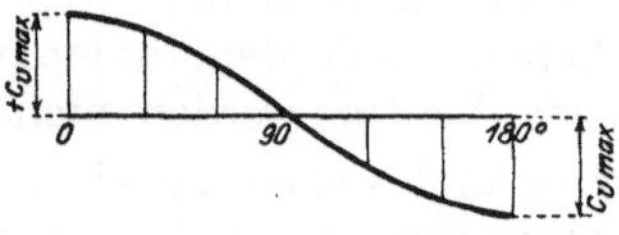   Abb. 28. 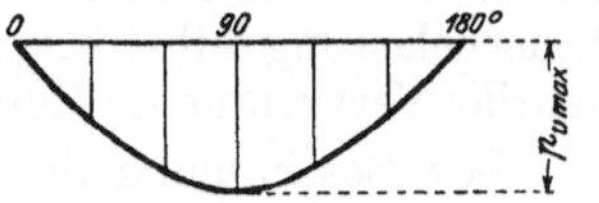   Abb. 29.

Die Ventilbeschleunigung ist negativ (Abb. 29), demnach ist die Ventilbewegung beim Steigen eine verzögerte und beim Sinken eine beschleunigte.

Berücksichtigt man die Eigenbewegung des Ventils, dann erhält man: $\mu u h c_{sp}$ $= Fc \mp f c_v$ (Gleichung von Westphal). Das obere Zeichen gilt für das Steigen des Ventils, da das Ventil hierbei Raum frei gibt, welches von dem aus dem Zylinder nachströmenden Wasser ausgefüllt wird. Das untere Zeichen gilt für das Sinken des Ventils, da das Ventil hierbei eine bestimmte Wassermenge verdrängt, welche durch den Spalt entweicht.

Nun ist $c_v = \dfrac{dh}{dt}$; setzt man diesen Wert in obige Gleichung ein, dann erhält man eine Differentialgleichung, deren Lösung ergibt: $\mu u h c_{sp} = Fv \sin \alpha$ $- f\dfrac{Fr\omega^2}{\mu u c_{sp}} \cos \alpha.$ Diese Gleichung läßt sich zeichnerisch darstellen (nach O. H. Müller, Das Pumpenventil). Wie die Abb. 30 zeigt, erhält man durch Summieren der Ordinaten der Sinuslinie und derjenigen der Kosinuslinie, eine verschobene Sinuslinie, welche die Spaltmenge darstellt. Die verschobene Sinuslinie stellt aber auch den Ventilhub dar, da man die Ventilhublinie erhält, wenn man die gemessenen Ordinaten durch $\mu u c_{sp}$ dividiert.

Aus der Abb. 30 ist zu ersehen, daß das Ventil erst öffnet, nachdem der Kolben von seiner Totlage T_1 einen Weg zurückgelegt hat, der dem Kurbelwinkel T_1A entspricht und daß das Ventil noch h_0 m geöffnet ist, wenn der Kolben sich in der Totlage T_2 befindet. Das Ventil schließt sich erst, wenn der Kolben nach seiner Umkehrung von der Totlage T_2 einen Weg zurückgelegt hat, der dem Kurbelwinkel $T_2B = \delta$ entspricht. Außerdem hat das Ventil bei einem Kurbel-

winkel von 90^0 seinen größten Hub noch nicht erreicht. Das Öffnen des einen
Ventils erfolgt erst, wenn das entsprechende Gegenventil sich geschlossen hat.
Schließt letzteres mit Verspätung, so wird auch das erstere mit entsprechender
Verspätung öffnen.

Aus der obigen Gleichung erhält
man für $\alpha = 180^0$:

$$\mu\, u\, h_0\, c_{sp} = f\, \frac{F\, r\, \omega^2}{\mu\, u\, c_{sp}},$$

somit $\qquad h_0 = f\, \dfrac{F\, r\, \omega^2}{(\mu\, u\, c_{sp})^2}.$

Ebenso erhält man eine Gleichung
für den Winkel δ, wenn man $\alpha = 180^0$
$+ \delta$ und $h = o$ setzt:

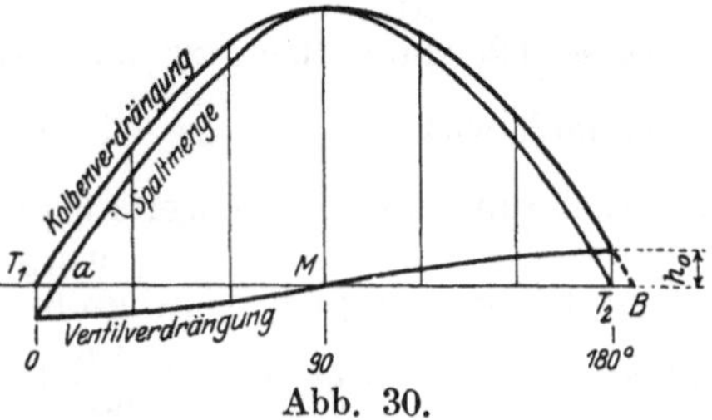

Abb. 30.

$$o = \sin(180 + \delta) - f\, \frac{\omega}{\mu\, u\, c_{sp}}\, \cos(180 + \delta).$$

Hieraus: $\operatorname{tg}(180 + \delta) = \operatorname{tg}\delta = \dfrac{f\,\omega}{\mu\, u\, c_{sp}}$. Setzt man $h = o$ und $c = v \sin$
$(180 + \delta) = -\, r\omega \sin\delta$ in die Gleichung von Westphal ein, so erhält man
die Ventilschlußgeschwindigkeit c_v':

$$o = -\, F\, r\, \omega \sin\delta + f\, c_v' \quad\text{oder}\quad c_v' = \frac{F\, r\, \omega}{f}\, \sin\delta.$$

Bei dem Kurbelwinkel δ handelt es sich meist um Werte, die kleiner als
5^0 sind, daher kann man $\operatorname{tg}\delta = \sin\delta$ setzen, ohne einen merkbaren Fehler zu
begehen. Man erhält somit: $c_v' = \dfrac{F\, r\, \omega}{f} \cdot \dfrac{f\,\omega}{\mu\, u\, c_{sp}} = \dfrac{F\, r\, \omega^2}{\mu\, u\, c_{sp}}$. Der beim Schließen
des Ventils entstehende Schlag ist von der Hubhöhe h_0 im Totpunkt und der
Ventilschlußgeschwindigkeit c_v' abhängig. Durch zu großen Ventilschlag werden
die Dichtungsflächen rasch undicht oder es können Brüche vorkommen. Deshalb
muß bei einer richtig arbeitenden Pumpe das Ventil so schließen, daß man den
Ventilschlag in der Nähe der Pumpe nicht oder nur schwach hört. Die Gleichungen
zeigen, daß sowohl die Hubhöhe h_0 als auch die Ventilschlußgeschwindigkeit c_v'
durch Vergrößerung der Spaltgeschwindigkeit c_{sp} verkleinert wird. Wie aber
schon einmal erwähnt wurde, ist die Spaltgeschwindigkeit durch die Ventilbelastung bestimmt. Man muß also, um hörbaren Schlag zu vermeiden, die
Ventilbelastung für den Ventilhub h_0 so groß wählen, daß h_0 und c_v' klein werden.

Beim Schließen hat das Ventil von der Masse m_v das Arbeitsvermögen $\dfrac{m_v\, c_v'^2}{2}$,
welches infolge des Ventilschlags in andere Energieformen (Formänderung,
Wärme) umgesetzt wird. Die Schlagstärke ist daher auch von der Masse des
Ventils abhängig, es ist demnach das Ventil so leicht wie möglich zu bemessen
(Festigkeit, guter Baustoff) und die Ventilbelastung durch eine gespannte Feder
zu erzeugen. Besonders bei schnellaufenden Pumpen ist diese Bedingung zu
erfüllen, da die Ventilschlußgeschwindigkeit c_v' mit dem Quadrat der Umlaufszahl
n wächst.

Statt der Ventilbelastung bei der Hubhöhe h_0 nimmt man zweckmäßig die
Ventilbelastung bei geschlossenem Ventil, da h_0 sehr klein ist. Es muß somit
die Federspannung bei geschlossenem Ventil so groß sein, daß das Ventil ohne
hörbaren Schlag schließt.

Für $\sphericalangle\, a = 90^{\circ}$, also annähernd für den größten Hub des Ventils erhält man: $\mu\, u\, h_{max}\, c_{sp} = F\, v = F\, r\omega$; nun ist: $\omega = \dfrac{2\pi\, n}{60}$ und $2\, r = s$, damit:

$$\mu\, u\, h_{max}\, c_{sp} = \frac{F\, s\, n}{60}\, \pi.$$

Diese Gleichung benutzt man zur Bestimmung der Ventilgröße. Für eine einfach wirkende Pumpe ist $Q = \dfrac{F\, s\, n}{60}$, dies ist auch die sekundliche Wasserlieferung einer Kolbenseite bei einer doppelt wirkenden Pumpe. Somit ist:

$$\mu\, u\, h_{max}\, c_{sp} = Q\, \pi.$$

Zur Bestimmung der Ventilgröße wird auch folgende Gleichung verwendet:

$\mu\, u\, h\, c_{sp} = F\, c_{m}$, wobei $c_{m} = \dfrac{2\, s\, n}{60}$ die mittlere Kolbengeschwindigkeit bedeutet.

Der Unterschied der beiden Gleichungen ist belanglos, da bei der Bestimmung von u ein Teil der Werte gewählt werden muß.

Man wählt $h_{max} = 5$ bis 15 mm, je nachdem n groß oder klein ist. Für den Kontraktionskoeffizienten μ, der mit dem Ventilhub veränderlich ist, kann man die Mittelwerte $\mu = 0{,}6$ bis $0{,}8$ setzen, je nachdem h groß oder klein ist. Die Spaltgeschwindigkeit c_{sp} wird meist zu 2 bis $3\,\dfrac{m}{sk}$ gewählt. Manchmal werden auch höhere Werte genommen, um kleine Abmessungen zu erhalten, wie es bei Pumpen mit großer Druckhöhe (Preßpumpen) erwünscht ist. Hierbei ist jedoch der damit verbundene größere Druckhöhenverlust zu beachten. Besonders bei Saugventilen soll c_{sp} nicht zu groß gewählt werden, da ein großes c_{sp} die Saughöhe wesentlich verkleinert.

Sind die aufgeführten Werte zweckmäßig gewählt, dann kann man aus obiger Gleichung u bestimmen. Bei einem Tellerventil ist $u = \pi d$, hieraus erhält man d.

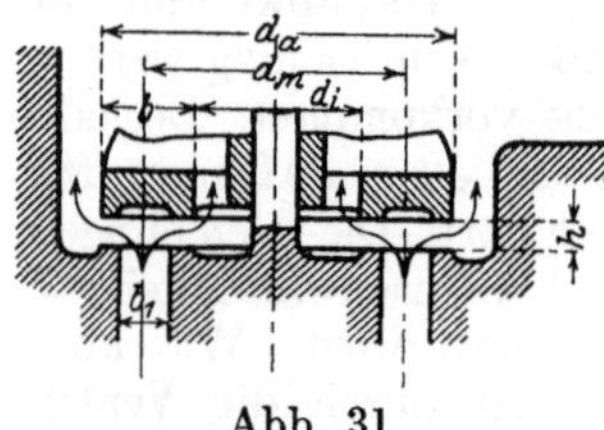
Abb. 31.

Sehr oft wird d zu groß, dann muß man ein Ringventil wählen (Abb. 31). Bei demselben strömt das Wasser durch den Querschnitt $\pi\, d_{a}\, h$ nach außen und durch den Querschnitt $\pi\, d_{i}\, h$ nach innen aus. Der gesamte Durchgangsquerschnitt ist somit $\pi\, (d_{a} + d_{i})\, h$, nun ist

$$d_{m} = \frac{d_{i} + d_{a}}{2}$$

und demnach $u = \pi\, (d_{a} + d_{i}) = 2\, \pi\, d_{m}$. Soll im Ventilsitz dieselbe Durchflußgeschwindigkeit wie im Spalt bestehen, also $c_{1} = c_{sp}$ sein, dann erhält man unter Vernachlässigung der Verengung durch etwa vorhandene Rippen:

$$\pi\, d_{m}\, b_{1} = u\, h_{max} = 2\, \pi\, d_{m}\, h_{max} \quad \text{oder}\quad b_{1} = 2\, h_{max}.$$

$b - b_{1} = 2\, s$ ist durch die Festigkeit des Materials bestimmt.

Auch d_{m} wird manchmal für ein Ringventil zu groß, dann kann man entweder ein Gruppenventil, d. h. mehrere Ventile auf einem gemeinschaftlichen Sitz, oder ein mehrfaches Ringventil wählen. Bei einem mehrfachen Ringventil (Abb. 32) lassen sich die Abmessungen wie folgt bestimmen:

Die mittleren Durchmesser der z-Ringe seien $d_{1}, d_{2}, d_{3} \ldots d_{z}$, die Entfernung der Ringmitten sei e, dann ist:

$$d_{1} = d_{1}$$
$$d_{2} = d_{1} + 2\, e$$
$$d_{3} = d_{2} + 2\, e = d_{1} + 4\, e$$
$$\cdots\cdots\cdots\cdots\cdots\cdots$$
$$d_{z} = d_{1} + (z - 1)\, 2\, e.$$

Man hat also eine arithmetische Reihe, deren Summe ist:

$$(d_1 + d_2 + d_3 + \ldots d_z) = \frac{z}{2}\,(d_1 + d_1 + (z-1)\,2\,e)$$

Setzt man $d_1 + d_2 + d_3 + \ldots d_z = \varSigma\,d_m$, dann ist: $\varSigma\,d_m = z\,(d_1 + (z-1)\,e)$
Hieraus folgt:

$$e = \frac{\varSigma\,d_m - z\,d_1}{z\,(z-1)}.$$

d_1 ist so groß zu wählen, daß die Ventilspindel untergebracht werden kann.
Man findet $d_1 = 65$ bis 150 mm. Wählt man außerdem z, dann kann man e
berechnen. Erhält man für e einen ungünstigen Wert, dann muß man z ändern
und noch einmal rechnen. Ausführungen zeigen für e die Werte 30 bis 75 mm.

Aus Abb. 33 folgt: $b + b_1 = e$ und $b - b_1 = 2\,s$,

somit $\quad b = \dfrac{e}{2} + s$; s ist durch die Druckfestigkeit des Materials bestimmt.

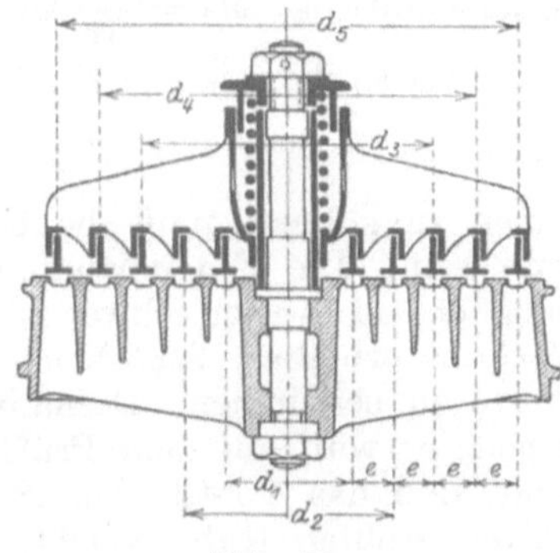

Abb. 32.

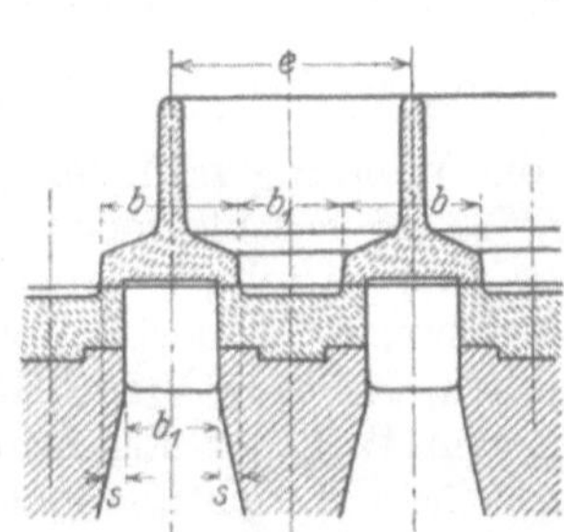

Abb. 33.

Zur Bestimmung der größten Ventilbelastung benutzt man die Gleichung
von Bach:

$$P = \gamma\,f_1\,\frac{c_1^{\,2}}{2\,g}\left[\lambda + \frac{f_1^{\,2}}{(\mu_1\,h\,u_1)^2}\right].$$

In dieser Gleichung bezeichnet P die wirksame Ventilbelastung, welche das
gehobene Ventil gegen das strömende Wasser im Gleichgewicht hält und λ sowie
μ_1 Berichtigungszahlen, welche durch Versuche zu ermitteln sind. Die anderen
Bezeichnungen sind am Anfang dieses Abschnittes erklärt worden. Ferner soll
$\mathfrak{F}_{max}$ die größte Spannkraft der Feder bei dem Hub h_{max} und G_w das Gewicht
der Feder und des Ventils im Wasser in kg bedeuten, dann ist: $P = \mathfrak{F}_{max} + G_w$.
Da in dem Augenblick der höchsten Stellung des Ventils Gleichgewicht zwischen
Ventilbelastung und Kraft des Wasserstroms besteht, befindet sich das Ventil
in Ruhe und es sind die Bewegungswiderstände und die Massenkraft des Ventils
gleich null.

Setzt man

$$\left[\lambda + \frac{f_1^{\,2}}{(\mu_1\,h\,u_1)^2}\right] = \zeta_1,$$

dann erhält man:

$$\mathfrak{F}_{max} + G_w = \gamma\,f_1\,\frac{c_1^{\,2}}{2\,g}\,\zeta_1.$$

Die Größe der zusammengesetzten Berichtigungszahl ζ_1 ist von der Ventilbauart abhängig und mit dem Ventilhub veränderlich. Zur Bestimmung von $\mathfrak{F}_{max}$ aus obiger Gleichung ist die Kenntnis der Größe von ζ_1 notwendig. Es ist also zweckmäßig, durch Versuche Werte von ζ_1 für verschiedene Ventilbauarten zu ermitteln, um dieselben beim Entwurf neuer Ventile von ähnlicher Bauart verwerten zu können.

Im Heft 233 der Forschungsarbeiten auf dem Gebiete des Ingenieurwesens sind Werte für ζ_1 für 5 verschiedene Ventile angegeben. Dieselbe hat L. Krauß durch Versuche ermittelt und in einem Achsenkreuz zeichnerisch dargestellt. Da bei ähnlichen Ventilen die Größe von ζ_1 gleich sein dürfte, wenn das Verhältnis $x = \dfrac{\text{Spaltquerschnitt}}{\text{Sitzfläche}} = \dfrac{u\,h}{f_1}$ gleich ist, sind die Werte von ζ_1 in dem Schaubild über dem Grundmaß x aufgetragen.

Nach Ermittelung von $\mathfrak{F}_{max}$ kann man die Stärke der Belastungsfeder berechnen, es ist: $M_d = \mathfrak{F}_{max}\,r$, wenn r der mittlere Windungshalbmesser der Feder in cm bedeutet. Für kreisförmigen Querschnitt ist $M_d = \dfrac{\pi d^3}{16} k_d$. In dieser Gleichung ist für d die Drahtstärke in cm und für k_d die zulässige Drehungsbeanspruchung des Federmaterials in $\dfrac{kg}{qcm}$ einzusetzen.

Um die Windungszahl der Feder bestimmen zu können, muß die Federspannung $\mathfrak{F}_0$ bei geschlossenem Ventil bekannt sein. Die Federspannung $\mathfrak{F}_0$ rechnerisch zu ermitteln, ist allgemein nicht möglich, da es sehr schwer ist, auf dem Versuchswege die hierfür notwendigen Werte zu erhalten. Außerdem wäre es erforderlich, für jede Ventilbauart diese Werte zu bestimmen. Deshalb hat die Praxis den Weg der Erfahrung eingeschlagen; es wird auf dem Prüfstand durch Versuche die richtige Feder so bestimmt, daß das Ventil ohne Schlag schließt und den bei der Berechnung eingesetzten größten Hub erreicht. Für ähnliche Verhältnisse und Ventilbauarten können die erhaltenen Erfahrungswerte für die Federspannungen beim Entwurf verwendet werden.

Reiches Versuchsmaterial findet man in der oben erwähnten Arbeit von L. Krauß und in der 2. Auflage des Buches von Berg, Die Kolbenpumpen.

Der **Durchgangswiderstand des geöffneten Hubventils** in m W.S. ist:
$$h_v = \zeta\,\frac{c_1^{\,2}}{2\,g}.$$

Werte für ζ findet man in der Hütte und im Heft 233 der Forschungsarbeiten.

Um einen kleinen Durchgangswiderstand zu erhalten, ist ein großer Durchgangsquerschnitt notwendig; da die Hubhöhe des Ventils gewisse Werte nicht überschreiten darf, ist der Umfang u des Ventils groß zu wählen.

Wie im Abschnitt 2 a gezeigt wurde, hat der **Öffnungswiderstand** h_{sv}' des Saugventils auf die Saughöhe der Pumpe Einfluß, es werde derselbe daher näher betrachtet. Bezeichnet für den Augenblick des Öffnens h den Wasserdruck in m W.S. oberhalb des Ventils, h_1 denselben unterhalb des Ventils, $G_w + \mathfrak{F}_0$ die Ventilbelastung, $m_v\,p_v$ den Beschleunigungswiderstand des Ventils (Abb. 34), dann ist: $f_1\,h_1\,\gamma = f\,h\,\gamma + G_w + \mathfrak{F}_0 + m_v\,p_v$.

Bei einer Pumpe mit Windkessel ist:
$$h_1 = A_s - h_s'' - \frac{l_s''}{g}\,\frac{F}{F_s''}\,p_0,$$
wobei h_s'' der senkrechte Abstand vom Wasserspiegel des Saugwindkessels und

Dichtungsfläche des Saugventils, sowie l_s'' die entsprechende Länge, F_s'' den entsprechenden Querschnitt bezeichnet. Es ist dann: $h_{sv}' = h_1 - h$.

·Die Berechnung von Klappenventilen erfolgt in ähnlicher Weise, wie sie für die Hubventile ausgeführt worden ist. Es ist nur zu berücksichtigen, daß bei Klappenventilen die Drehmomente der wirkenden Kräfte in Betracht kommen. Da die Hebelarme der Kräfte beim Öffnen der Klappe sich ändern, werden die Berechnungsgrundlagen sehr schwierig. Versuche mit Klappenventilen sind noch nicht veröffentlicht worden.

Beispiel: Für eine einfach wirkende Pumpe ist das Saugventil zu berechnen (Abb. 21). Es ist gegeben $D = 120$ mm, $s = 180$ mm, $n = 100/$min. (siehe auch Seite 14).

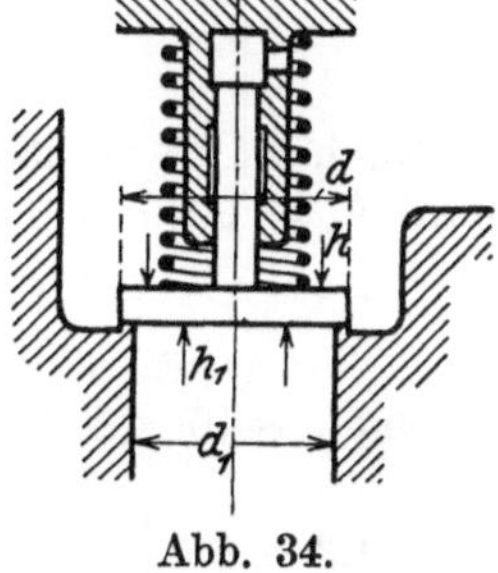
Abb. 34.

Man hat

$$F = \frac{\pi \cdot 0{,}12^2}{4} = 0{,}0113 \text{ qm}$$

und $\quad Q = \dfrac{F\,s\,n}{60} = \dfrac{0{,}0113 \cdot 0{,}18 \cdot 100}{60} = 0{,}0034 \ \dfrac{\text{cbm}}{\text{sk}}.$

Den Ventilumfang u erhält man aus der Gleichung:

$$\mu\, u\, h_{max}\, c_{sp} = Q\,\pi.$$

Man wählt $c_{sp} = 2\,\dfrac{\text{m}}{\text{sk}}$, $h_{max} = 10$ mm und $\mu = 0{,}7$; mit diesen Werten

folgt: $u = \dfrac{0{,}0034 \cdot \pi}{0{,}7 \cdot 0{,}01 \cdot 2} = 0{,}76$ m. Für ein Tellerventil ist $u = \pi\,d$, daher

$d = \dfrac{0{,}76}{\pi} = 0{,}242$ m. Dieser Durchmesser ist zu groß, man wählt daher ein

Ringventil (Abb. 31), für dasselbe ist $u = 2\,\pi\,d_m$, $d_m = \dfrac{0{,}76}{2 \cdot \pi} = 0{,}121$ m. Das

Ventil werde mit **d = 120 mm** ausgeführt.

Ferner ist: $b_1 = 2\,h_{max} = 2 \cdot 10 = 20$ mm, somit $d_a = 140$ mm, $d_i = 100$ mm; s sei zu 3 mm gewählt, dann folgt: $b = 26$ mm. Die größte Ventilbelastung

folgt aus: $\mathfrak{F}_{max} + G_w = \gamma\, f_1\, \dfrac{c_1^2}{2\,g}\, \zeta_1$. Es ist

$$f_1 = \pi\, d_m\, b_1 = \pi \cdot 0{,}12 \cdot 0{,}02 = 0{,}0075 \text{ qm}$$

und es sei $c_1 = 2\,\dfrac{\text{m}}{\text{sk}}$ gewählt; der Wert für ζ_1 werde aus dem Heft 233 der

Forschungsarbeiten für $x = 1$ zu 4 entnommen. Mit diesen Werten erhält man:

$\mathfrak{F}_{max} + G_w = 1000 \cdot 0{,}0075\, \dfrac{2^2}{2 \cdot 9{,}81}\, 4 = 6$ kg. Das Gewicht des Ventils beträgt

nach dem Entwurf $G = 1{,}13$ kg (spez. Gewicht der Bronze 8,5), somit

$G_w = 1{,}13\, \dfrac{7{,}5}{8{,}5} = 1$ kg. Hierbei ist das Gewicht der Feder vernachlässigt. Dem-

nach ist $\mathfrak{F}_{max} = 6 - 1 = 5$ kg. Nach dem Entwurf ist der mittlere Windungs-halbmesser der Feder $r = 22$ mm, daher $M_d = 5 \cdot 2{,}2 = 11$ kgcm. Aus der

Gleichung $\dfrac{\pi\, d^3}{16}\, k_d = M_d$ folgt mit $k_d = 2500\, \dfrac{\text{kg}}{\text{qcm}}$, $d^3 = \dfrac{11 \cdot 16}{\pi \cdot 2500} = 0{,}0225 \text{ cm}^3$,

$d = 0{,}28$ cm; man wählt $\mathbf{d = 3}$ mm. Aus dem Erfahrungsmaterial sei $\mathfrak{F}_0 = 3{,}5$ kg entnommen, demnach ist die Federkonstante

$$C = \frac{\mathfrak{F}_{max} - \mathfrak{F}_0}{h} = \frac{5 - 3{,}5}{i} = 1{,}5\ \frac{\text{kg}}{\text{cm}}.$$

Aus der Gleichung (siehe Hütte) $f = \dfrac{64\,n\,r^3}{d^4}\dfrac{P}{G}$ folgt: $C = \dfrac{P}{f} = \dfrac{d^4\,G}{64\,n\,r^3}$.

Hieraus folgt die Anzahl der Windungen $n = \dfrac{d^4\,G}{64\,C\,r^3} = \dfrac{0,3^4 \cdot 850\,000}{64 \cdot 1,5 \cdot 2,2^3} = 6,7$; gewählt **7 Windungen**.

Beispiel: Der Öffnungswiderstand des oben berechneten Saugventils ist zu bestimmen. Es ist gegeben: $H_s = 6\,\text{m}$, $h_s = 5,3\,\text{m}$, $h_s'' = 0,35\,\text{m}$ und die Angaben auf Seite 14.

Man bestimmt zuerst den Druck im Saugwindkessel während des Betriebes:

$$A_s = A - h_s - \frac{c_s{}^2}{2\,g}\,(1 + \Sigma\,\zeta_s).$$

Nach S. 15 ist das letzte Glied der obigen Gleichung gleich 0,3 m W.S., somit $A_s = 9,9 - 5,3 - 0,3 = 4,3$ m W.S. Es ist nun

$$h_1 = A_s - h_s'' - \frac{l_s''}{g}\,\frac{F}{F_s''}\,p_0.$$

Nach Seite 15 ist $p_0 = 11,7\,\dfrac{\text{m}}{\text{sk}^2}$, daher

$$h_1 = 4,3 - 0,35 - \frac{0,35 \cdot 0,0113}{9,81 \cdot 0,0154} \cdot 11,7, \quad h_1 = 4,3 - 0,35 - 0,31 = \mathbf{3,64\ m\ W.S.}$$

Aus der Gleichung $f_1\,h_1\,\gamma = f\,h\,\gamma + G_w + F_0 + m_v\,p_v$ erhält man:

$$h = \frac{f_1\,h_1\,\gamma - G_w - F_0 - m_v\,p_v}{f\,\gamma}.$$

Das Gewicht des Ventils beträgt 1,13 kg, somit $m = \dfrac{1,13}{9,81} = 0,115$ und die

Ventilbeschleunigung folgt aus $f_1\,p_v = F\,p_0$, $p_v = \dfrac{F\,p_0}{f_1} = \dfrac{0,0113 \cdot 11,7}{0,0075} = 17,6\,\dfrac{\text{m}}{\text{sk}^2}$

Außerdem ist $f = \pi\,d_m\,b = \pi \cdot 0,12 \cdot 0,026 = 0,0098$ qm. Mit diesen Werten ist:

$$h = \frac{0,0075 \cdot 3,64 \cdot 1000 - 1 - 3,5 - 0,115 \cdot 17,6}{0,0098 \cdot 1000} = 2,11\ \text{m W.S.}$$

Demnach beträgt der Öffnungswiderstand $h_{sv}' = 3,64 - 2,11 = \mathbf{1,53\ m\ W.S.}$

e) Pumpenarbeit und Wirkungsgrade.

Für eine **einfach wirkende Pumpe** (Abb. 20) ist nach dem früher Erwähnten die mittlere Pressung im Zylinder in m W.S.

$$\text{beim Saugen} \quad h_{zm} = A - (H_s - y) - H_{ws},$$
$$\text{beim Drücken} \quad h_{zm}' = A + H_d + y + H_{wd}.$$

Während einer Umdrehung ist dann die Pumpenarbeit in kgm:

$$A_i = (A - h_{zm} + h_{zm}' - A)\,F\,\gamma\,s = (h_{zm}' - h_{zm})\,F\,\gamma\,s.$$

Nun ist $h_{zm}' - h_{zm} = H_d + H_s + H_{wd} + H_{ws}$.

Setzt man: $H_d + H_s = H$ und $H_{wd} + H_{ws} = H_w$; dann erhält man: $A_i = (H + H_w)\,F\,\gamma\,s$. Somit ist die Pumpenleistung in P.S.

$$N_i = \frac{(H + H_w)\,F\,\gamma\,s\,n}{60 \cdot 75}; \quad \text{nun ist:}\ Q = \frac{F\,s\,n}{60}, \quad \text{damit}\ N_i = \frac{Q\,\gamma\,(H + H_w)}{75}.$$

Die letzte Gleichung gilt für alle Pumpenarten, es ist nur für Q der entsprechende Wert einzusetzen; also für die doppelt wirkende Pumpe je nach Bauart:

$$Q = \frac{(2\,F - f)\,s\,n}{60} \quad \text{oder}\quad Q = \frac{2\,F\,s\,n}{60}$$

(siehe Abschnitt 1, b).

Die Pumpenleistung N_i wird **indizierte Leistung** genannt, da dieselbe aus dem Indikatordiagramm berechnet werden kann. Abb. 35 zeigt ein normales Indikatordiagramm; bei S.V. öffnet das Saugventil und bei D.V. das Druckventil. Im Diagramm sind die Drücke durch die entsprechenden senkrechten Abstände von der absoluten Nullinie dargestellt. Bezeichnet h_i den mittleren Druck im Zylinder (in m W.S.) während einer Umdrehung der Kurbel (eines Doppelhubes), dann ist: $h_i = h_{zm}' - h_{zm}$.

Den Druck h_i bestimmt man aus dem Diagramm wie folgt:

Durch Planimetrieren erhält man den Flächeninhalt F_i des Diagramms und ermittelt die mittlere Höhe im Längenmaßstab aus: $h = \dfrac{F_i}{s'}$. Beträgt der Federmaßstab $1 \dfrac{kg}{qcm} = a$ mm, dann ist der mittlere Druck in $\dfrac{kg}{qm}$:

$\gamma\, h_i = \dfrac{h}{a} \cdot 10\,000$. Hieraus folgt: $Ni = \dfrac{F s \gamma h_i n}{60 \cdot 75}$ oder allgemein: $Ni = \dfrac{Q \gamma h_i}{75}$.

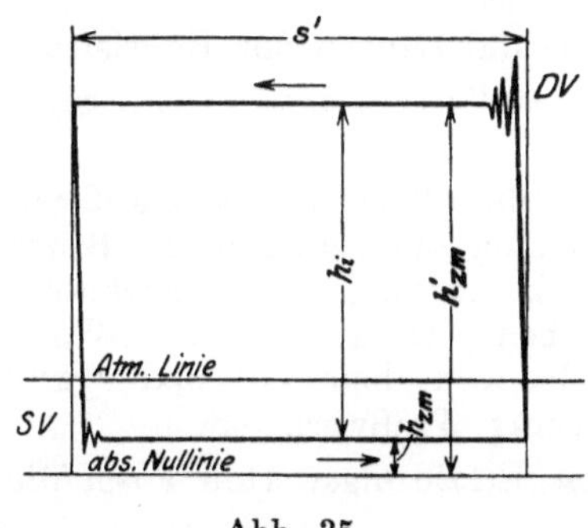

Abb. 35.

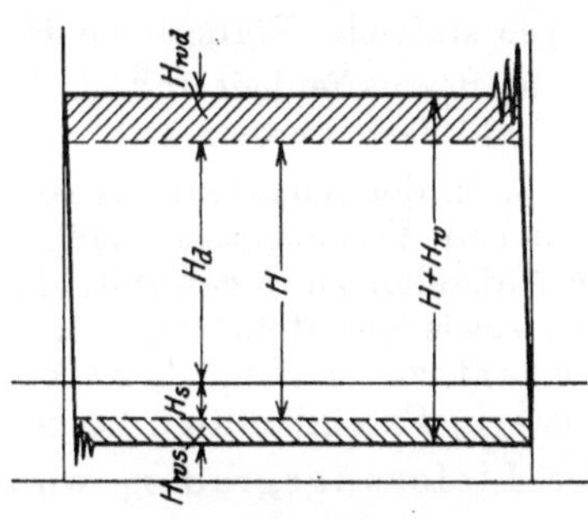

Abb. 36.

Nach Abb. 36 ist: $h_i = H + H_w$ oder $H_w = h_i - H$.

Man erhält demnach die Größe von H_w, wenn man von der aus dem Diagramm ermittelten Höhe h_i die senkrechte Förderhöhe H abzieht.

Nun ist $H_w = H_{ws} + H_{wd}$; um H_{ws} und H_{wd} einzeln bestimmen zu können, ermittelt man aus dem Diagramm h_{zm}' und mißt den senkrechten Abstand y_i vom Indikatorstutzen bis zum Ausguß; dann ist: $h_{zm}' = A + y_i + H_{wd}$ oder $H_{wd} = h_{zm}' - A - y_i$ und damit auch $H_{ws} = H_w - H_{wd}$.

Das Verhältnis $\eta_h = \dfrac{H}{H + H_w}$ stellt den **hydraulischen Wirkungsgrad** dar. Im Abschnitt 1 a wurde der Lieferungsgrad $\eta_l = \dfrac{Q_e}{Q}$ schon besprochen. Durch Multiplikation beider Wirkungsgrade erhält man den **indizierten Wirkungsgrad** $\eta_i = \eta_l \cdot \eta_h = \dfrac{Q_e\, H}{Q\,(H + H_w)}$.

Derselbe gibt ein Urteil über die Arbeitsverluste, welche in der Pumpe und in den Rohrleitungen entstehen.

Bei langen Rohrleitungen ist es zweckmäßig, den Wirkungsgrad der Pumpe allein (ohne Rohrleitungen) zu bestimmen, um ein richtiges Urteil über die Pumpe zu erhalten. Bezeichnet η_m den **mechanischen Wirkungsgrad**, dann ist die Antriebsleistung $N = \dfrac{N_i}{\eta_m} = \dfrac{Q \gamma (H + H_w)}{75 \cdot \eta_m}$ oder $\eta_m = \dfrac{N_i}{N}$.

Der mechanische Wirkungsgrad gibt Aufschluß über die Reibungsverluste im Antrieb der Pumpe.

Bezeichnet η den Gesamtwirkungsgrad, dann ist:

$$\eta = \eta_l \cdot \eta_h \cdot \eta_m$$

und $\quad \eta = \dfrac{N_e}{N} = \dfrac{\dfrac{Q_e\,\gamma\,H}{75}}{N}$, demnach $N = \dfrac{Q_e\,\gamma\,H}{75\cdot\eta}$. Bei Kolbenpumpen findet man $\eta = 0{,}80$ bis $0{,}90$.

f) Bestimmung der Hauptabmessungen.

Soll eine Pumpe in ihren Abmessungen bestimmt werden, dann müssen die Verhältnisse, unter welchen die Pumpe zu arbeiten hat, bekannt sein. Gegeben sind stets:

1. Die tatsächliche Wasserlieferung Q_e in $\dfrac{cbm}{sk}$.

2. Die statische Förderhöhe H in m, sowie die Längen der Rohrleitungen.

3. Die Beschaffenheit und die Temperatur des Wassers (bzw. der Flüssigkeit), welches gefördert werden soll.

Zuerst ist der Aufstellungsort zu wählen, derselbe richtet sich außer nach den örtlichen Verhältnissen nach dem niedrigsten Wasserstand im Brunnen. Ist der Aufstellungsort gewählt, dann sind auch die Saug- und Druckhöhe H_s und H_d, sowie die Rohrlängen l_s und l_d gegeben. Alsdann ist die Wahl der Pumpenart zu treffen, dieselbe richtet sich nach dem Verwendungszweck (Wasserwerk, Fabrik, unterirdische Wasserhaltung, Preßwerk usw.).

Der Lieferungsgrad η_l wird nach den Erfahrungswerten ausgeführter Pumpen gewählt, dann erhält man $Q = \dfrac{Q_e}{\eta_l}$. Es sei eine einfach wirkende Pumpe gewählt, dann ist: $Q = \dfrac{F\,s\,n}{60}$ oder $F\,s\,n = 60\,Q$.

Die Umlaufszahl n richtet sich nach der Wahl der Antriebsmaschine, deren Leistung sich berechnet aus: $N = \dfrac{Q_e\,\gamma\,H}{75\cdot\eta}$, wobei η nach Erfahrungswerten zu wählen ist.

Zwischengetriebe sind möglichst zu vermeiden. Bei großen Leistungen ist unmittelbarer Antrieb durch Dampfmaschine, Verbrennungsmotor und Elektromotor meist möglich. Bei mittleren und kleineren Leistungen werden beim Antrieb durch Verbrennungsmotor und Elektromotor Riemen- oder Zahnrädergetriebe verwendet, während beim Antrieb durch Dampfmaschine der unmittelbare Antrieb beibehalten wird, jedoch wird die Umlaufszahl n kleiner, als bei Dampfmaschinen üblich ist, gewählt. Die Umlaufszahlen ausgeführter Kolbenpumpen schwanken zwischen $n = 40/\text{min}$ und $n = 250/\text{min}$. Wählt man eine große Umlaufszahl n, dann wird das Hubvolumen $Fs = \dfrac{60\,Q}{n}$ klein, aber die Ventile und Ventilkästen werden groß, außerdem nutzen sich die Ventile schneller ab.

Es ist also bei der Wahl von n, nicht die Pumpe allein, sondern die gesamte Pumpenanlage zu betrachten, um einen guten Gesamtwirkungsgrad zu erzielen.

Man hat nun $F\,s = \dfrac{60\,Q}{n}$; ferner ist das Verhältnis $\dfrac{s}{F}$ bzw. $\dfrac{s}{D}$ zu wählen. Bei dieser Wahl ist hauptsächlich darauf zu achten, daß die Maschinenteile des Antriebs übliche Abmessungen erhalten. Bei Pumpen mit großer Förderhöhe ist daher F klein und s groß, dies tritt am meisten bei den Preßpumpen hervor. Bei schnellaufenden Pumpen wählt man F groß und s klein, damit die Massenkräfte der hin- und hergehenden Triebswerkteile nicht zu groß werden. Außerdem wählt man bei stehenden Pumpen s kleiner als bei liegenden. Im Mittel findet man $\dfrac{s}{D} = 2$ bis 3.

Beispiel: Für eine Wasserlieferung von 250 cbm/Std. und eine Förderhöhe von 80 m ist eine Pumpenanlage zu entwerfen. Das Förderwasser wird durch eine Filteranlage vorher gereinigt.

Nach den örtlichen Verhältnissen wird die Saughöhe zu 5 m gewählt, damit wird $H_d = 75$ m, sowie $l_s = 12$ m und $l_d = 300$ m. Es ist:

$$Q_e = \frac{250}{3600} = 0{,}0696\ \frac{\text{cbm}}{\text{sk}} \quad \text{und} \quad N = \frac{Q_e\,\gamma\,H}{75\,\eta};$$

nach ähnlichen Ausführungen wird $\eta = 0{,}80$ gewählt, damit:

$$N = \frac{0{,}0696 \cdot 1000 \cdot 80}{75 \cdot 0{,}80} = 93\ \text{P.S.}$$

Es seien zwei doppelt wirkende Pumpen mit je einem gemeinschaftlichen Plunger (Abb. 8) gewählt; dieselben werden unter 90^0 gekuppelt. Zum Antrieb sei eine liegende Verbund-Dampfmaschine mit Kondensation verwendet, die Umlaufszahl derselben betrage n = 60/min.

Demnach ist für eine Pumpe $Q_e = 0{,}0348\ \dfrac{\text{cbm}}{\text{sk}}$. Wählt man $\eta_l = 0{,}97$, dann folgt $\ Q = \dfrac{Q_e}{\eta_l} = \dfrac{0{,}0348}{0{,}97} = 0{,}036\ \dfrac{\text{cbm}}{\text{sk}}$.

Nun ist $Q = \dfrac{(2\,F - f)\,s\,n}{60}$, daher $(2\,F - f)\,s = \dfrac{60\,Q}{n} = \dfrac{60 \cdot 0{,}036}{60} = 0{,}036$ cbm.

Es sei s = 550 mm gewählt und d = 70 mm geschätzt, damit erhält man:

$$2\,F - f = \frac{0{,}036}{0{,}55} = 0{,}0655\ \text{qm}.$$

Mit $f = \dfrac{\pi \cdot 0{,}07^2}{4} = 0{,}0038$ qm folgt dann $2\,F = 0{,}0693$ qm oder $F = 0{,}0346$ qm. Aus Tabelle $D = 0{,}21$ m.

Damit wird $\dfrac{s}{D} = \dfrac{550}{210} = 2{,}62$. Hätte man ein ungünstiges Verhältnis $\dfrac{s}{D}$ erhalten, dann müßte man s zweckmäßig abändern und F noch einmal ausrechnen.

Ventilberechnung: Für die eine Kolbenseite ist

$$Q_1 = \frac{F\,s\,n}{60} = \frac{0{,}0346 \cdot 0{,}55 \cdot 60}{60} = 0{,}019\ \frac{\text{cbm}}{\text{sk}}.$$

Man wählt: $c_{sp} = 2\ \dfrac{\text{m}}{\text{sk}}$, $h_{max} = 10$ mm, $\mu = 0{,}7$. Diese Werte setzt man in die Gleichung $\mu\,u\,h_{max}\,c_{sp} = Q\,\pi$ ein und erhält: $u = \dfrac{0{,}019 \cdot \pi}{0{,}7 \cdot 0{,}01 \cdot 2} = 4{,}26$ m.

Nun ist $u = 2\pi\,d_m$, demnach $d_m = \dfrac{4{,}26}{2\pi} = 0{,}68$ m. Für ein mehrfaches Ring-

ventil (Abb. 32 und 33) ist $e = \dfrac{\Sigma\,d_m - z\,d_1}{z\,(z-1)}$; es sei $d_1 = 120$ mm und $z = 3$,

damit folgt $e = \dfrac{0{,}68 - 3\cdot 0{,}12}{3\cdot 2} = 0{,}053$ m, abgerundet $e = \mathbf{50\ mm}$. Die mittleren

Durchmesser der einzelnen Ringe sind dann:

$$d_1 = 120\ \text{mm},\quad d_2 = 220\ \text{mm},\quad d_3 = 320\ \text{mm},\ \text{somit}\ \Sigma\,d_m = 660\ \text{mm}.$$

Die Abrundung von e ist zulässig, da vorhin verschiedene Werte gewählt
worden sind. Die Nachprüfung ergibt: $u = 2\pi\,d_m = 2\pi\cdot 0{,}66 = 4{,}14$ m, damit

$$c_{sp} = \frac{0{,}019\cdot\pi}{0{,}7\cdot 0{,}01\cdot 4{,}14} = 2{,}06\ \frac{\text{m}}{\text{sk}}.$$

Wählt man $s = 3$ mm, so erhält man $b = \dfrac{e}{2} + s = 25 + 3 = 28$ mm und

$b_1 = 28 - 6 = 22$ mm. Die Fläche des Ringventils beträgt:

$$f = \pi\,\Sigma\,d_m\,b = \pi\cdot 0{,}66\cdot 0{,}028 = 0{,}058\ \text{qm}$$

und somit die Belastung des Ventils

$$P = f\cdot\gamma\cdot H = 0{,}058\cdot 1000\cdot 80 = 4640\ \text{kg}.$$

Die Sitzfläche des Ventils beträgt $f_s = \pi\,\Sigma\,d_m\,2\,s = \pi\cdot 66\cdot 2\cdot 0{,}3 = 124$ qcm,

demnach ist die Flächenpressung $k = \dfrac{P}{f_s} = \dfrac{4640}{124} = 37{,}5\ \dfrac{\text{kg}}{\text{qcm}}$. Diese Flächen-

pressung ist für Bronze als sehr gering zu bezeichnen. Die Ventilfeder wird in
ähnlicher Weise, wie auf Seite 27 gezeigt wurde, berechnet.

Rohrleitungen: Jede Pumpe erhält eine eigene Saugleitung, damit man
im Notfalle auch mit einer Pumpe arbeiten kann. Der Durchmesser des Saug-

rohrs berechnet sich aus: $F_s = \dfrac{Q}{c_s} = \dfrac{0{,}036}{0{,}8} = 0{,}045$ qm, $\mathbf{D_s \simeq 0{,}25\ m}$.

Für die Druckleitung wird ein gemeinschaftliches Rohr gewählt, der Durch-

messer berechnet sich aus: $F_d' = \dfrac{2\,Q}{c_d} = \dfrac{2\cdot 0{,}036}{1{,}2} = 0{,}06$ qm, $D_d' = 0{,}276$ m,

gewählt $\mathbf{D_d' = 275\ mm}$. Zwischen dem gemeinschaftlichen Rohr und den einzelnen Pumpen werden Rohre eingeschaltet, den Durchmesser derselben erhält

man aus: $F_d = \dfrac{Q}{c_d} = \dfrac{0{,}036}{1{,}2} = 0{,}03$ qm, $D_d = 0{,}196$ m, gewählt $\mathbf{D_d = 200\ mm}$.

3. Konstruktive Ausbildung und Einzelheiten.

a) Pumpenkörper (Pumpenzylinder).

Als Material verwendet man gewöhnlich Gußeisen. Für große Wasserwerks-
und Bergwerkspumpen mit hohem Druck tritt Stahlguß an Stelle von Gußeisen.
Bei hohen Drücken ist Gußeisen nicht dicht genug, so daß das Wasser durch-
schwitzt. Preßpumpen für sehr hohen Druck werden aus Phosphorbronze gegossen
oder aus Stahl durch Ausbohren aus dem Vollen hergestellt. Bei Förderung von
Säuren oder Seewasser nimmt man Bronzeguß oder Gußeisen mit eingesetzter
Bronzebüchse. Ebenso bei Feuerspritzen und ähnlichen Pumpen mit Scheibenkolben, welche nur selten benutzt werden, so daß ein Rosten der Lauffläche zu
befürchten ist.

Wandstärke: Mit Rücksicht auf Herstellung des Gusses wählt man für gußeiserne Pumpenzylinder:

$$s = \frac{D}{50} + 10 \text{ mm, wenn stehend gegossen,}$$

$$s = \frac{D}{40} + 12 \text{ mm, wenn liegend gegossen,}$$

wo D der größte Durchmesser des Zylinders ist.

Entsprechend kann man für Stahlguß annehmen:

$$s = \frac{D}{70} + 14 \text{ mm, wenn stehend gegossen,}$$

$$s = \frac{D}{60} + 16 \text{ mm, wenn liegend gegossen.}$$

Mit Rücksicht auf den inneren Überdruck p_i in kg/qcm ist für alle zylindrischen Teile der Pumpe nach Bach zu setzen:

$$r_a = r_i \sqrt{\frac{k_z + 0,4\, p_i}{k_z - 1,3\, p_i}} + 3 \text{ bis 5 mm.}$$

Wandstärke $s = r_a - r_i$. k_z für Gußeisen ≤ 150 kg/qcm, da meistens eine wechselnde, oft stoßartige Belastung vorliegt. Ausnahmsweise k_z bis 250 kg/qcm bei besonders günstigen Verhältnissen und langsam laufenden Pumpen.

Bei sehr rasch laufenden Pumpen (Expreßpumpen) $k_z \leq 100$ kg/qcm. k_z für Stahlguß entsprechend 350 bzw. 550 bzw. 220 kg/qcm.

Nach Weisbach: Wandstärke $s = 0,00238 \, p_i \cdot D + 9$ mm für Gußeisen. Für Stahlguß kann man annehmen: $s = 0,0017 \, p_i + 9$ mm.

Bei kleiner Wandstärke s im Verhältnis zum Zylinderdurchmesser kann man bei Überschlagsrechnungen annehmen: $s = r_i \dfrac{p_i}{k_z}$.

Von den oben errechneten Wandstärken nimmt man dann zweckmäßig den größten Wert.

Bei Zylindern mit ganz ausgebohrter Lauffläche (für Scheibenkolben) wird noch ein Zuschlag von 3 bis 6 mm für mehrmaliges Nachbohren gegeben.

Beispiel: Der größte Zylinderdurchmesser sei D = 350 mm; $p_i = 20^{\text{atm}}$. Material: Stahlguß. n = 70 Doppelhübe in der Minute (normale Geschwindigkeit); daher werde $k_z = 350$ kg/qcm angenommen. Liegende Pumpe.

$$1. \quad s = \frac{D}{60} + 16 \text{ mm} = \frac{350}{60} + 16 = \sim 6 + 16 = 22 \text{ mm.}$$

$$2. \quad r_a = r_i \sqrt{\frac{k_z + 0,4\, p_i}{k_z - 1,3\, p_i}} + 3 \div 5 \text{ mm} = 175 \sqrt{\frac{350 + 0,4 \cdot 20}{350 - 1,3 \cdot 20}} + 5$$

$$= 175 \sqrt{\frac{358}{324}} + 5 = 175 \cdot 1,05 + 5 = \sim 184 + 5 = \sim 189.$$

$$s = r_a - r_i = 189 - 175 = 14 \text{ mm.}$$

$$3. \quad s = 0,0017 \cdot p_i \cdot D + 9 = 0,0017 \cdot 20 \cdot 350 + 9 = 11,9 + 9 = \sim 21 \text{ mm.}$$

$$4. \quad s = r^i \frac{p_i}{k_z} = 175 \frac{20}{350} = 10 \text{ mm.}$$

Mit Rücksicht auf die Herstellung des Gusses ist die Wandstärke also mindestens 22 mm stark auszuführen. Bei der Stahlgießerei ist dann noch unter

Einsendung der Zeichnung anzufragen, ob sie den Abguß mit dieser geringen Wandstärke übernehmen will.

Durchbrechungen des Zylinders (Stutzen) bewirken eine Schwächung desselben und zwar um so mehr, je größer die Stutzen sind. Hierfür ist eine besondere Festigkeitsberechnung erforderlich. Für nicht zu hohe Drücke genügt eine starke Ausrundung unter gleichzeitiger Verstärkung der Wandung (Abb. 37). Bei hohen Drücken wird der gefährliche Querschnitt durch zwei schmiedeeiserne Anker verstärkt, indem an den Zylinder entsprechende Augen angegossen werden (Abb. 38). Die Ankerschrauben werden vor dem festen Anziehen allenfalls etwas erwärmt, damit sie eine starke entgegengesetzte Spannung erhalten.

Nach Abb. 37 ist: $a \cdot b \cdot p_i = f \cdot k_z$, also $f = \dfrac{a \cdot b \cdot p_i}{k_z}$.

Nach Abb. 38 ist: $a \cdot b \cdot p_i' = f \cdot k_z + f_1 \cdot k_{z_1}$.

k_z für den Gußkörperquerschnitt f (s. Abb. 37) wie früher angegeben.

k_{z_1} für den Bolzenkernquerschnitt f_1 (s. Abb. 38) $= 500 \div 600$ kg/qcm.

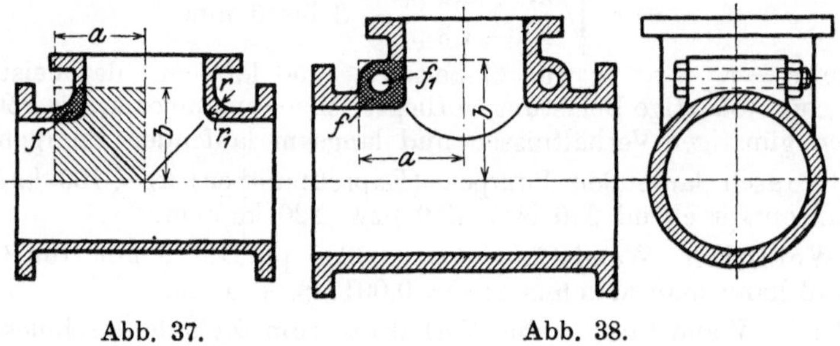

Abb. 37.Abb. 38.

Beispiel: Der Pumpenzylinder mit dem größten Durchmesser von 350 mm werde von einem Stutzen mit 275 mm Durchmesser durchbrochen. $p_i = 20$ atm. Material: Stahlguß.

Bei einem äußeren Abrundungshalbmesser von $r = 40$ mm und einem inneren Halbmesser von $r_1 = 25$ mm wird nach Abb. 37: $a \sim 20$ cm; $b \sim 23,5$ cm; $f \sim 23$ qcm.

a b und f sind aus einer genauen Zeichnung durch Messen bestimmt. Dann wird $k_z = \dfrac{a \cdot b \cdot p_i}{f} = \dfrac{20 \cdot 23,5 \cdot 20}{23} = \sim 410$ kg/qcm.

Die Beanspruchung wird also trotz starker Abrundung und Verstärkung noch zu hoch, so daß das Einziehen von zwei schmiedeeisernen Ankern erforderlich ist.

Bei einer Ankerstärke von $1^1/_2''$ erhält man die Querschnitte $f = \sim 33$ qcm und $f_1 = 8,4$ qcm. Es wird $a = 21$ cm; $b = 24$ cm.

k_{z_1} für den Bolzen werde zu 500 kg/qcm angenommen. Dann entfällt auf den Gußquerschnitt eine Zugbeanspruchung:

$$k_z = \frac{a \cdot b \cdot p_i - f_1 k_{z_1}}{f} = \frac{21 \cdot 24 \cdot 20 - 8,4 \cdot 500}{33} = \sim 180 \text{ kg/qcm.}$$

Ebene Deckel sind nach Hütte I, S. 601 zu berechnen (Aufl. 23).

Den Pumpenkörper formt man möglichst überall zylindrisch oder kugelförmig, besonders bei hohen Drücken. Er muß so konstruiert werden, daß sich in demselben kein Luftsack (s. S. 3) bilden kann. Das Druckventil ist also an der höchsten Stelle des Pumpenzylinders anzuordnen, so daß die durch das Saugventil eintretende Luft gleich beim nächsten Druckhube durch das Druckventil wieder aus dem Zylinder entfernt wird. Die Wandungen müssen also nach dem Druckventil zu ansteigen, wie Abb. 39 zeigt.

Das Wasser soll in der Pumpe möglichst auf einem geraden Wege vom Saugventil zum Druckventil fließen. Richtungsänderungen wirken — besonders bei hohen Geschwindigkeiten — störend. Die Ventile müssen gut zugänglich sein.

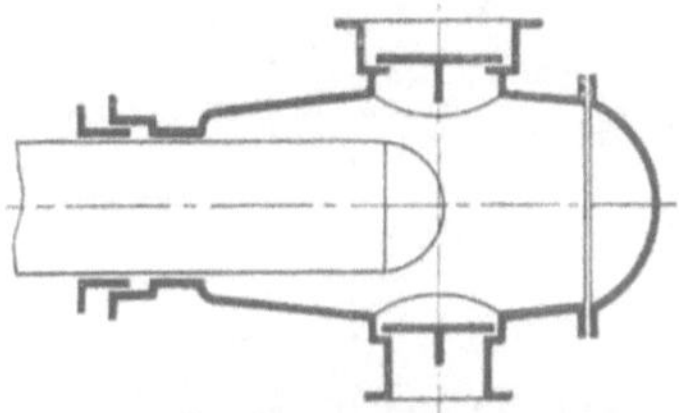

Abb. 39. Richtige Ausführung. Es kann kein Luftsack entstehen. Gute Wasserführung. Beide Ventile sind gut zugänglich.

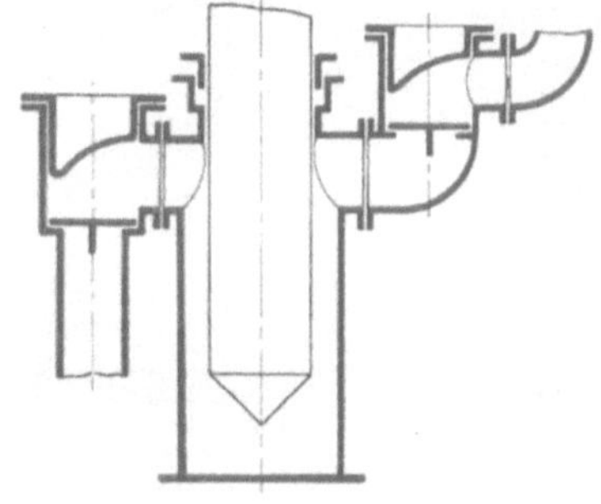

Abb. 40. Richtige Ausführung. Es kann kein Luftsack entstehen.

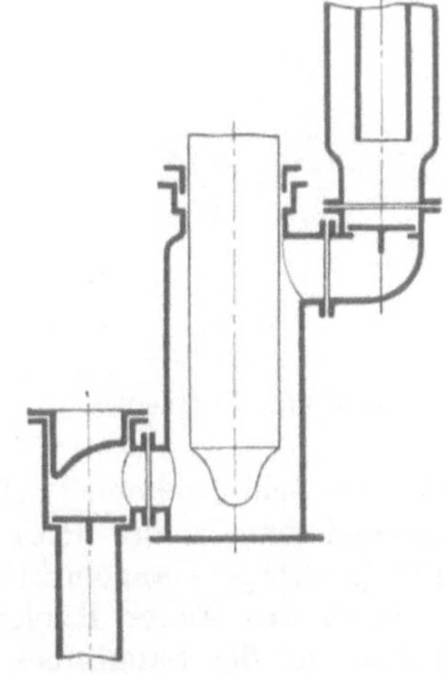

Abb. 41. Richtige Ausführung. Es kann kein Luftsack entstehen. Gute Wasserführung.

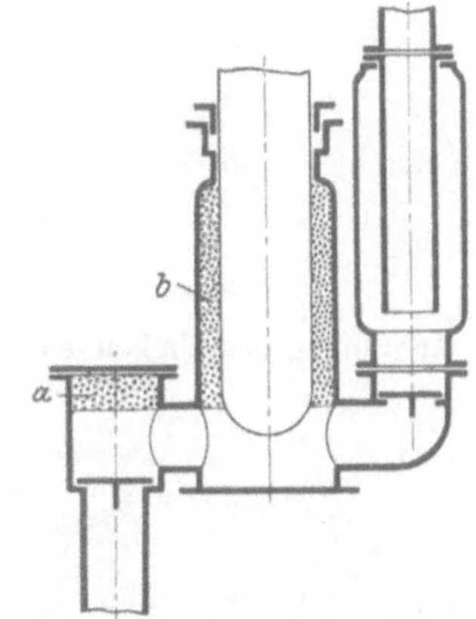

Abb. 42. Fehlerhafte Ausführung. Bei a und bei b bilden sich Luftsäcke.

Richtige und fehlerhafte Ausführungen s. Abb. 39—42.

An den Pumpenkörper müssen die für das Anbringen der Armaturen nötigen Warzen bzw. Butzen angegossen werden. Für größere Pumpen sind erforderlich:

Je ein Umlaufventil zur Verbindung des Druckrohres mit dem Pumpenraum und des Pumpenraumes mit dem Saugrohr s. Abb. 43 und 44. Durch das untere Ventil kann die Pumpe nach der Saugleitung hin entleert werden, falls kein Fußventil vorhanden ist. Durch ein an der höchsten Stelle des Pumpenraumes angebrachtes Lüftungsventil (Abb. 45) kann Luft zugelassen werden. Durch das obere Umlaufventil (Abb. 43) kann die Pumpe nach Öffnung des Luftventils von der Druckleitung aus wieder gefüllt werden. Bei vorhandenem Fußventil kann durch Öffnen beider Umlaufventile Pumpe und Saugrohr angefüllt werden. Bei kleinen Pumpen kann durch ein genügend großes Umlaufventil eine Verringerung der Liefermenge bis zur völligen Ausschaltung der Pumpe erzielt werden.

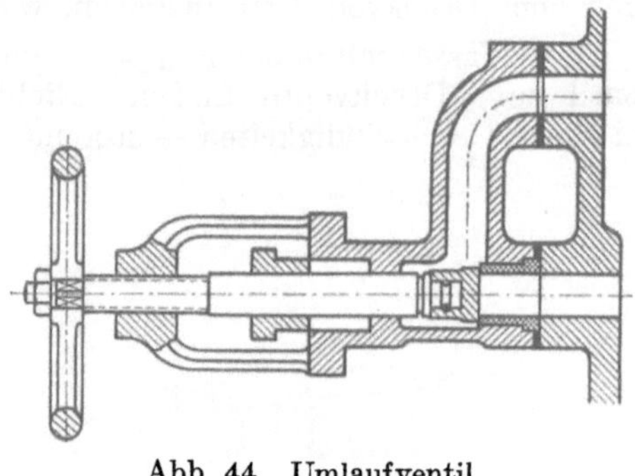

Abb. 44. Umlaufventil.

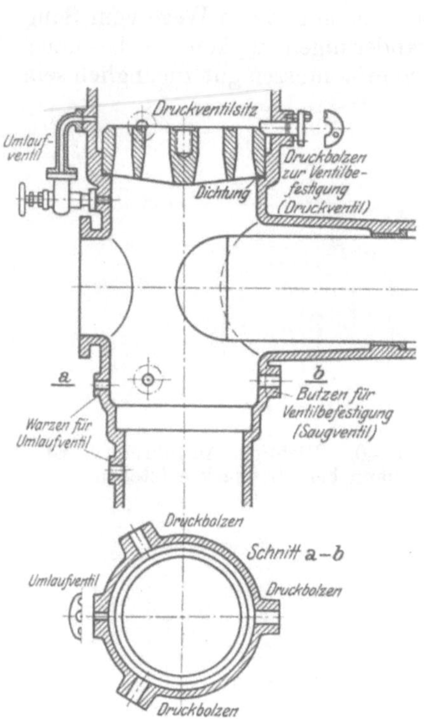

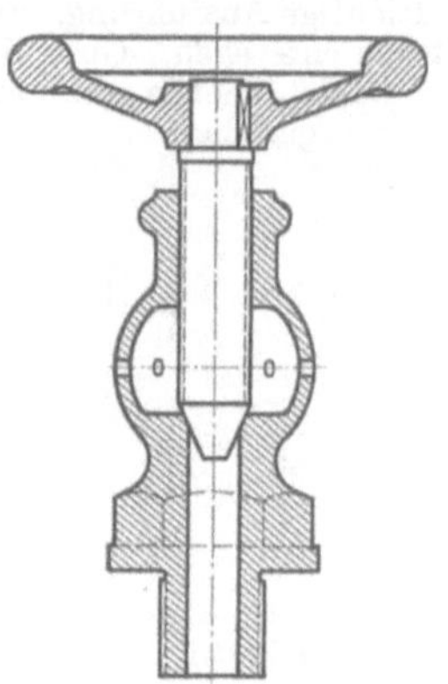

Abb. 43. Anordnung der Umlaufventile.

Abb. 45. Luftventil.

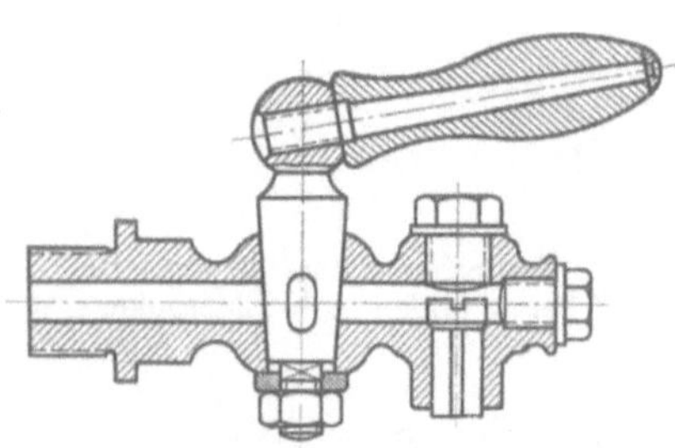

Abb. 46. Schnüffelventil.

Ferner ist ein Schnüffelventil erforderlich, welches meistens in der Horizontalebene des Pumpenkörpers angeordnet wird (Abb. 46). Durch das kleine Rückschlagventil kann während des Saughubes jedesmal etwas Luft angesaugt werden, welche als Ersatz der verbrauchten Luft im Druckwindkessel dient. Natürlich wird der Lieferungsgrad dadurch etwas verringert. Bei hohen Drücken wird so viel Luft vom Wasser absorbiert, daß man mit einem Schnüffelventil nicht mehr auskommt. Die Luft im Druckwindkessel muß dann durch einen kleinen Kompressor ständig aufgefüllt werden.

Der Indikatorstutzen (bei doppeltwirkenden Pumpen auf jeder Seite ein Stutzen) muß so angebracht werden, daß ein einfacher Antrieb des Indikators möglich ist. Es darf sich unter dem Indikator kein Luftsack bilden. Bei wagerechter Anordnung ist dies nicht möglich.

Schließlich sind noch die Butzen für die von außen zugängliche Befestigung der Ventile anzugießen. In Abb. 80 und 89 geschieht dies durch Druckbolzen, welche durch den Flanschdeckel angepreßt werden. Zur Dichtung dienen einige Lederscheiben. Der Bolzen hat außen ein Gewindeloch, damit man ihn durch eine Händelschraube herausziehen kann.

b) Ventilgehäuse (Ventilkasten).

Das Material ist dasselbe wie beim Pumpenkörper. Die Festigkeitsberechnung erfolgt ebenso. Maßgebend ist der größte Durchmesser des Ventilgehäuses. Der Ventilkasten wird an den Pumpenkörper angeschraubt. Vielfach besteht er auch aus einem Stück mit dem Pumpenzylinder. Ein Luftsack kann hier besonders unter dem Deckel über dem Saugventil entstehen (Abb. 42). Er wird durch Einziehen des Deckels vermieden (Abb. 41).

Die Deckelschrauben dürfen mit Rücksicht auf die wechselnde, oft stoßartige Belastung, mit höchstens 400 kg/qcm auf Zug beansprucht werden. Bei raschlaufenden Pumpen wählt man entsprechend geringere Beanspruchung.

Die Schraubenentfernung l hängt von dem inneren Druck p_i ab. Man nimmt bei

$$p_i = 3 \div 5 \text{ atm.} \qquad 6 \div 10 \text{ atm.} \qquad 10 \div 12 \text{ atm.}$$
$$l = \sim 8 \, d \qquad \sim 7 \, d \qquad \sim 6 \, d$$
$$15 \div 20 \text{ atm.} \qquad 20 \div 25 \text{ atm.}$$
$$\sim 5 \, d \qquad \sim 4 \, d$$

wo d der Schraubenbolzendurchmesser ist.

Bei sehr hohen Drücken muß die Dichtung in einem Falz liegen, damit sie nicht herausgepreßt wird (Abb. 47). Die Flanschenstärke b muß $1,3 \div 1,5$ mal so groß wie die Wandstärke s sein. Bei Rohranschlüssen (Saugrohr, Druckrohr) sind Flanschdurchmesser und Lochkreisdurchmesser nach der Normalrohrtabelle für gußeiserne Rohre auszuführen (s. Hütte I, S. 908, Aufl. 23). Für die Armaturen und die Ventilbefestigung kommt hier das unter Pumpenzylinder Gesagte in Betracht.

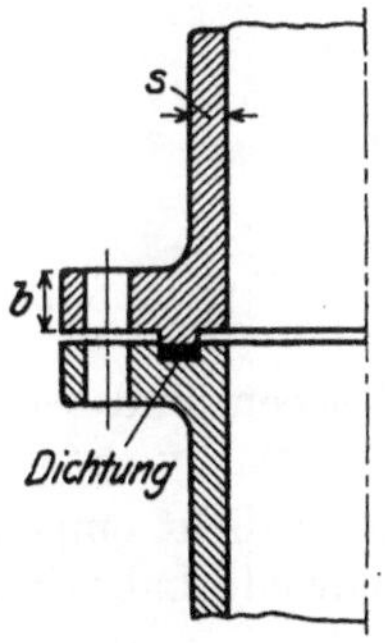

Abb. 47.

c) Kolben.

Man verwendet Scheibenkolben und Tauchkolben (Plunger-, Trunk-, Mönchskolben). Die Dichtung (Liderung) liegt bei den Scheibenkolben in dem Kolben selbst, so daß die ganze Lauffläche des Zylinders ausgedreht werden muß. Der lange Plungerkolben dagegen bewegt sich frei in dem Zylinder und berührt denselben nur in der zur Abdichtung dienenden Stopfbüchse. Der Scheibenkolben kommt gewöhnlich nur für niedrige Drücke von $1 \div 2$ atm. in Frage. Nur bei besonders gedrängt gebauten Pumpen und bei Dampfpumpen (schwungradlose Pumpen) wird er ausnahmsweise auch für höhere Drücke verwendet. Da die Dichtung während des Betriebes nicht zugänglich ist, zieht man für höhere Drücke den Plungerkolben mit der außenliegenden Stopfbüchsdichtung vor.

Scheibenkolben. Das Material ist gewöhnlich Gußeisen. Bei Förderung von chemischen Flüssigkeiten und Seewasser wird Bronze verwendet. Als Liderungsmaterial dient Hanf, Leder oder Metall, seltener Holz, Hartgummi, Leinwand.

Die Hanfdichtung läßt kaltes und warmes Wasser zu. In neuerer Zeit wird sie mehr und mehr durch die Leder- und Metalldichtung verdrängt. Die eingelegten quadratischen Hanfseilringe werden durch den Deckel angezogen, ähnlich wie bei einer gewöhnlichen Stopfbüchse (Abb. 48). Nach Bach nimmt man als Stärke s mm $\sim \sqrt{D\,mm}$; h $\sim$ 4 s. Bei stehender Anordnung muß der Kolben unten geschlossen sein (doppelwandig), wie in Abb. 48 gestrichelt angedeutet,

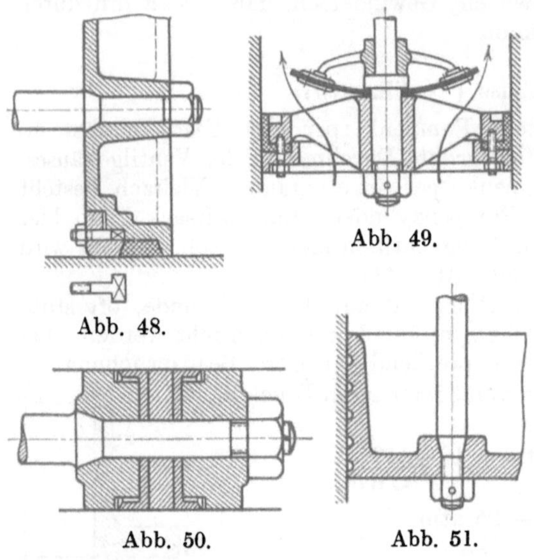

Abb. 48.

Abb. 49.

Abb. 50.   Abb. 51.

da die Höhlung sonst einen Luftsack bilden würde. Oder die Höhlung muß nach oben gerichtet sein.

Die Lederdichtung kann nur für kaltes, nicht saures Wasser (unter 30°C) bei kleinen Kolbengeschwindigkeiten verwendet werden. Sie ist ebenso wie die Hanfdichtung auch für unreines Wasser brauchbar. Meistens findet man die in Abb. 49, 50 und 54 angegebene Stulpendichtung. Bei Hubpumpen, wo der Druck nur auf der oberen Seite des Kolbens wirkt, genügt eine Manschette (Abb. 49 und 54). Bei Druckpumpen dagegen müssen zwei Stulpen wie in Abb. 50 angeordnet werden. Die Stulpen sind selbstdichtend und daher besonders für höhere Drucke geeignet.

Für die Metalldichtung kommt nur ganz reines Wasser in Frage. Der Kolben kann dicht eingeschliffen werden und erhält am Umfange nur einige kleine eingedrehte Labyrinthrillen, welche gleichzeitig zum Festhalten des Schmiermaterials

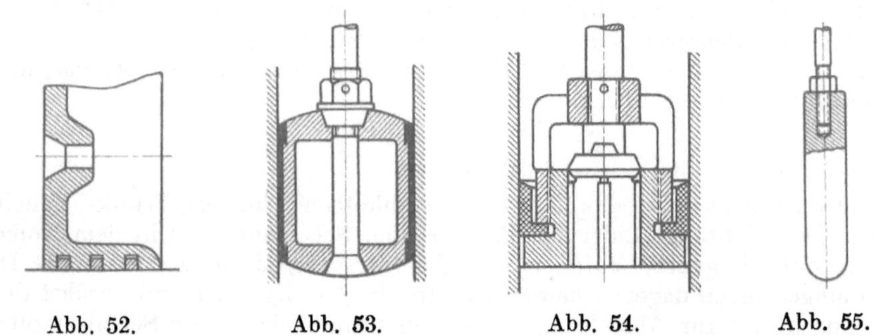

Abb. 52.   Abb. 53.   Abb. 54.   Abb. 55.

dienen (Abb. 51). Länge des Kolbens $\sim$ 0,8 D bis D. Neuerdings wird die Metalldichtung vielfach mit selbstspannenden Kolbenringen wie beim Dampf- und Motorkolben ausgeführt (Abb. 52). Für die Ringe nimmt man dann anstatt Gußeisen auch wohl Rotguß oder Phosphorbronze. Bei chemischen Flüssigkeiten muß auch der Kolbenkörper aus Bronze bestehen. Für ganz reines Wasser können auch hohe Scheibenkolben mit Weißmetallmantel verwendet werden, wodurch die Zylinderlauffläche sehr geschont wird (Abb. 53).

Die Holzliderung schont bei guter Ausführung und reinem Wasser ebenfalls sehr die Zylinderwandung. Sie läßt sich leicht ersetzen und ist auch für warmes Wasser geeignet.

Hartgummiringe und Leinwandstreifen werden selten als Dichtung verwendet.

Für Hubpumpen, wo das beim Aufgang des Kolbens angesaugte Wasser beim Niedergang des Kolbens durch denselben hindurchtritt, muß der Kolben durchbrochen und mit einer Leder- oder Gummiklappe (Abb. 49) oder mit einem Ventil (Abb. 54) versehen sein. Der Durchgangsquerschnitt muß so groß wie möglich werden, besonders bei rascher laufenden Pumpen.

Tauchkolben. Als Material dient meistens Gußeisen, selbst für große Abmessungen und höhere Drücke. Die hohle Form des gußeisernen Kolbens bewirkt bei liegenden Pumpen durch den Auftrieb eine vorteilhafte Entlastung der Führungsbüchsen.

Für kleine Kolben und besonders für sehr hohe Drücke wird Schmiedeeisen oder Stahl verwendet (Abb. 55). Bei Förderung von chemischen Flüssigkeiten oder Seewasser wird der Kolben mit einer Bronzebüchse oder mit einem nahtlos gezogenen Kupferrohr überzogen oder er wird ganz aus Bronze hergestellt.

Abb. 56. Kolben einer doppelt wirkenden Pumpe.

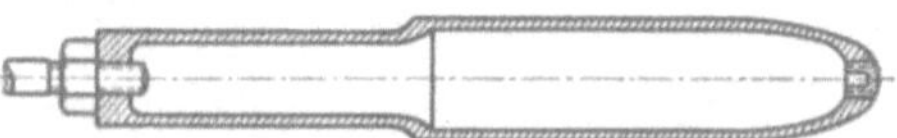

Abb. 57. Kolben einer Differentialpumpe.

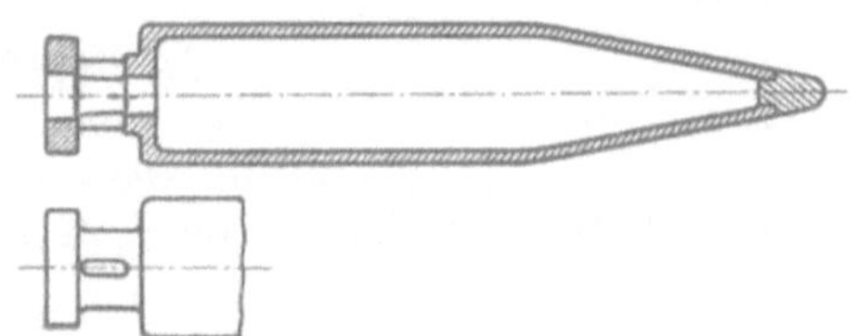

Abb. 58. Kolben einer raschlaufenden einfach wirkenden Pumpe.

Das Ende des Kolbens wird zweckmäßig kugelförmig (Abb. 56), parabolisch (Abb. 57) und bei raschlaufenden Pumpen vielfach ganz schlank konisch geformt (Abb. 58).

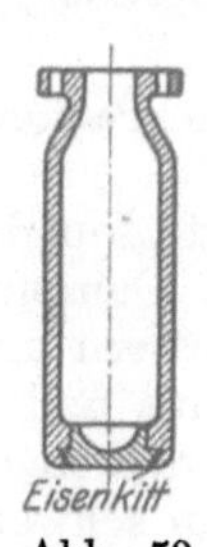

Abb. 59.

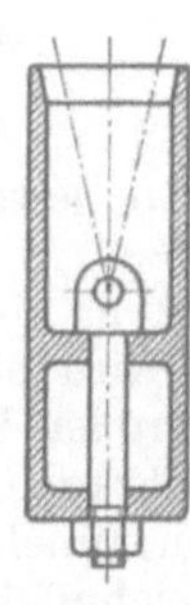

Abb. 60.

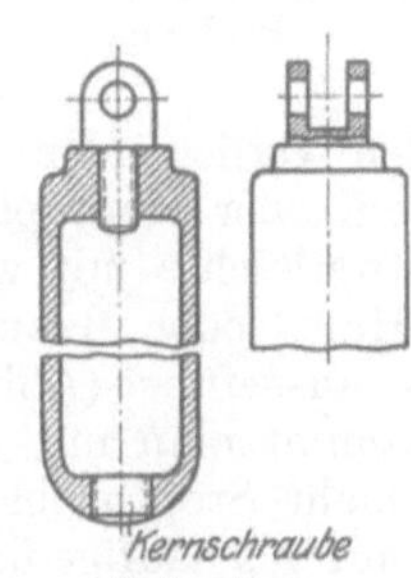

Abb. 61.

Die Kolbenstange wird am zuverlässigsten mit einem Konus in den Kolben eingesetzt. Hierdurch wird zugleich eine sichere Abdichtung erzielt (Abb. 56, 58 und 62). Die Befestigungsmutter (oft konische Bronzemutter) muß gegen Lösen gut gesichert werden.

Der hohle Kolben wird auf äußeren Druck berechnet. Nach Hütte I, S. 607 ist: $r_a = r_i \sqrt{\dfrac{k}{k - 1{,}7\,p_a}}$, wo r_a der äußere und r_i der innere Kolbenhalbmesser, p_a der Flüssigkeitsdruck in der Pumpe ist. Die zulässige Druckbeanspruchung für Gußeisen oder Bronze ist $k = 600$ kg/qcm.

Wandstärke $s = r_a - r_i + 3 \div 5$ mm Zuschlag für Kernverlegen und Nachdrehen. Für geringe Wandstärken kann man annehmen $s = r_a \cdot \dfrac{p_a}{k} + 3 \div 5$ mm Zuschlag für Kernverlegen und Nachdrehen.

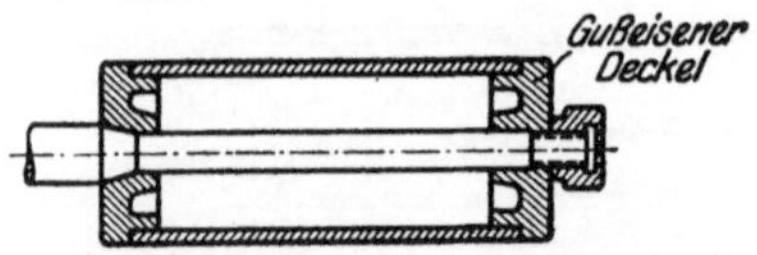

Abb. 62. Kolben von Voit-München. Nahtloses Bronze- oder Messingrohr, warm aufgezogen oder aufgepreßt.

Verschiedene Formen des Plungerkolbens und der Kolbenstangenbefestigung s. Abb. 55 bis 62. — Abb. 55: Massiver Stahlkolben für sehr hohe Drücke (Preßpumpen). Abb. 56—58: Kolben für größere doppeltwirkende, Differentialpumpen und raschlaufende einfach wirkende Pumpen. Abb. 59: Hohlkolben mit großen Kernöffnungen und Verschluß des Bodens durch einen Kittdeckel. Bei Abb. 60 tritt nicht so leicht ein Ecken des Kolbens ein wie bei Abb. 61. Abb. 62: Kolben von Voit-München. Ein nahtlos gezogenes Bronze- oder Messingrohr wird auf die beiden gußeisernen Deckel aufgepreßt oder warm aufgezogen und dann auf Maß gedreht.

d) Stopfbüchsen.

Die Stopfbüchsen dienen zur Abdichtung der hin- und hergehenden Kolbenstangen bzw. der Tauchkolben. Sie sollen das Austreten des Wassers aus der Pumpe und das Eindringen von Luft in dieselbe verhindern. Man verwendet

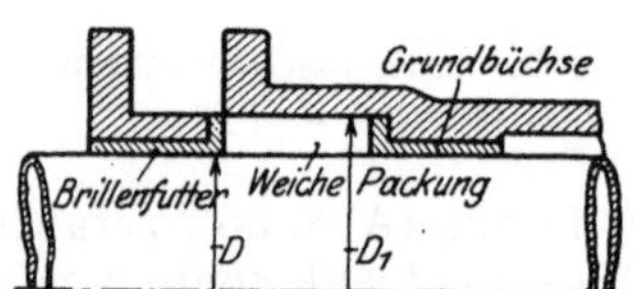

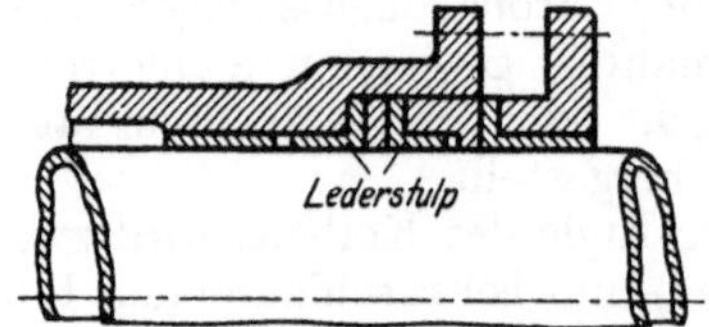

Abb. 63.　Stopfbüchse mit weicher Packung.

Abb. 64.　Stopfbüchse mit Ledermanschettenpackung.

je nach den vorliegenden Verhältnissen gewöhnliche weiche Packung, Ledermanschetten- oder Metallpackung.

Die Stopfbüchse mit weicher Packung (in Talg getränkte, quadratisch geflochtene Hanf- oder Baumwollzöpfe) wird ebenso wie eine Dampfmaschinenstopfbüchse ausgeführt (Abb. 63). Bei großen Plungerdurchmessern und höheren Drücken kommt man mit 2 oder 3 Schrauben nicht mehr aus und muß dann 4, 6 oder mehr Stopfbüchsenschrauben annehmen. Die Schrauben dürfen mit Rücksicht auf das häufige und oft ungleichmäßige Anziehen nur schwach belastet werden ($k_z \leq 300$ kg/qcm). Um sicher zu gehen, rechnet man mit dem dreifachen Flüssigkeitsdruck p_i auf den Ringquerschnitt des Packungsraumes. Dann ist nach Abb. 63:

$$\left(\frac{\pi\, D_1{}^2}{4} - \frac{\pi\, D^2}{4} \right) 3\, p_i = i\, \frac{\pi\, \delta^2}{4}\, k_z.$$

Die Schraubenstärke wird der Größe der Pumpe angepaßt, und dann die Anzahl i der Schrauben berechnet.

Beispiel: Es sei der Plungerdurchmesser $D = 200$ mm. $D_1 = 250$ mm. Es sind $1^1/_4{}''$ Schrauben anzunehmen, $p_i = 20$ atm. Kernquerschnitt der $1^1/_4{}''$ Schraube: $\dfrac{\pi\, \delta^2}{4} = 5{,}77$ qcm.

$$i = \frac{\dfrac{\pi\,D_1^2}{4} - \dfrac{\pi\,D^2}{4}}{\dfrac{\pi\,\delta^2}{4}\cdot k_z} \cdot 3\ p_i = \frac{(491-314)\cdot 3\cdot 20}{5{,}77\cdot 300} = 6{,}1 \sim 6 \text{ Schrauben.}$$

Die Stopfbüchse mit Lederstulpdichtung eignet sich besonders für hohen Druck, aber nur für kaltes nicht saures Wasser (Abb. 64). Die innere Manschette verhindert das Heraustreten des Wassers, die äußere ein Eintreten von Luft in den Pumpenraum.

Die Metallpackung tritt bei hohen Drücken ebenfalls an die Stelle der weichen Packung. Sie verlangt vollkommen reines, besonders sandfreies Wasser. Dagegen verträgt sie warmes und auch saures Wasser (Grubenwasser). Es kann die einfache in Abb. 65 angegebene Metalldichtung, wie sie bei Dampfmaschinen üblich ist, verwendet werden. Die labyrinthartigen Eindrehungen erhöhen die Wirkung dieser Metallpackung. Für schnelllaufende Pumpen (Expreßpumpen) werden von den einzelnen Firmen besondere Formen der Metallpackung ausgeführt, welche in den Kolben-Pumpen von Berg beschrieben sind. Um das Eintreten von Luft in den Pumpenraum und die Verunreinigung des Maschinenraumes durch abtropfendes Wasser zu vermeiden, werden die Stopfbüchsen vielfach unter Wasserabschluß gelegt, wie Abb. 8 und 13 zeigen. Die beiden mittleren Stopfbüchsen bei doppeltwirkenden und Differentialpumpen werden aus diesem Grunde auch wohl durch eine einzige innere Stopfbüchse ersetzt (Abb. 66). Es entstehen dadurch geringere Reibungsverluste und die Baulänge der Pumpe wird kleiner, aber die Stopfbüchse ist während des Betriebes nicht zu beaufsichtigen und nicht nachstellbar. Die innere Stopfbüchse läßt sich durch eine lange glatte Büchse, in welche der Kolben eingeschliffen wird, ersetzen. Durch die unvermeidliche Abnutzung tritt aber mit der Zeit ein Lieferungsverlust ein, welcher um so größer wird, je höher der Druck ist.

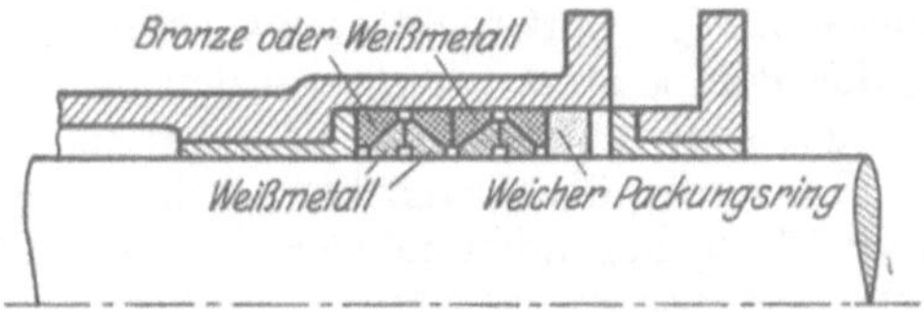

Abb. 65. Stoffbüchse mit Metallpackung.

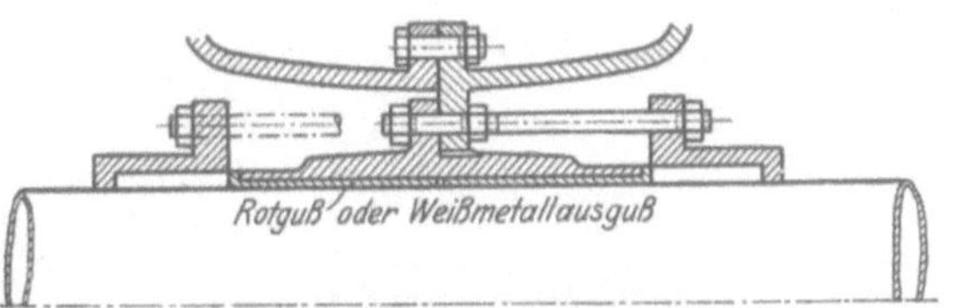

Abb. 66. Innere Stopfbüchse.

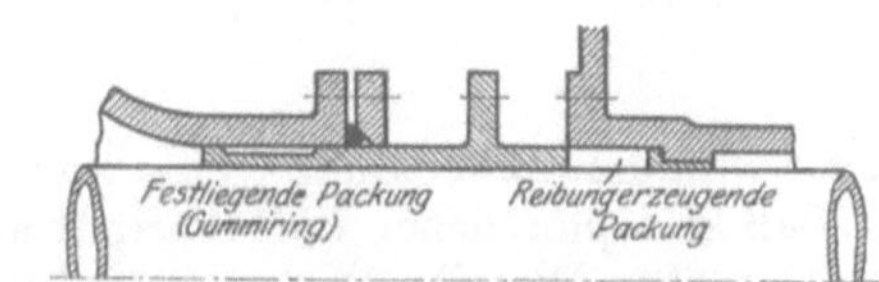

Abb. 67. Gemeinsame Stopfbüchse für beide Pumpenseiten (Una-Stopfbüchse).

Die doppelte Stopfbüchse in der Mitte wird auch vermieden durch eine sogenannte Unastopfbüchse wie sie Abb. 67 zeigt. Die normale Stopfbüchse rechts ist nach der linken Seite verlängert und wird hier durch eine festliegende Packung abgedichtet. Vor dem Nachziehen der rechten Stopfbüchse muß also die linke Packung etwas gelockert werden.

e) Windkessel.

Die Windkessel müssen so nahe wie irgend möglich an die Pumpe herangelegt werden (s. Windkesselberechnung S. 18). Der Luftinhalt des Windkessels muß mindestens gleich dem 6—8fachen Hubvolumen der Pumpe sein. Je größer die Windkessel sind, desto ruhiger wird der Gang der Pumpe, besonders bei hohen Geschwindigkeiten.

Saugwindkessel: Das Material ist meistens Gußeisen. Gewöhnlich wird der Saugwindkessel mit dem Pumpenkörper oder mit dem Unterbau, welcher den Pumpenkörper trägt, zusammengegossen. Doppeltwirkende Pumpen haben dann für beide Seiten einen gemeinsamen Saugwindkessel (s. Abb. 8, 11, 12, 68). Der Luftraum des Windkessels wird bei größeren Pumpen gewöhnlich dadurch geschaffen, daß ein Hängerohr (Tauchrohr, Saugtrichter) in den Windkessel hineinragt. Aus dem Wasser scheidet sich durch das Saugen ständig etwas Luft ab, wodurch der Wasserspiegel im Saugwindkessel allmählich sinkt. Damit die überschüssige Luft nicht stoßweise plötzlich in das Tauchrohr tritt und den Gang der Pumpe stört, werden in den unteren Rand des Trichters einige kleine Löcher gebohrt, durch welche die Luft in kleinen Mengen bei jedem Saughube in das Hängerohr übertreten kann. Nach Berg soll der Querschnitt dieser 4—8 in einer Ebene liegenden Löcher etwa 1 v. H. des Rohrquerschnittes betragen.

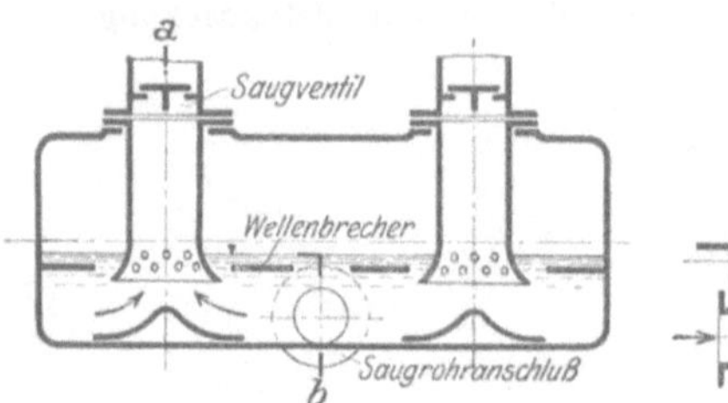

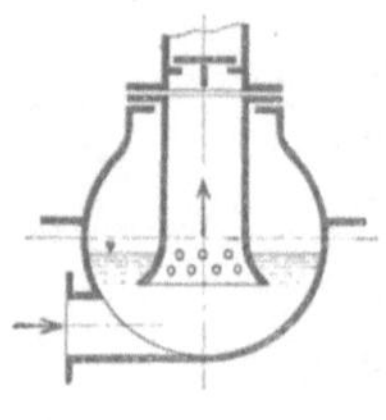

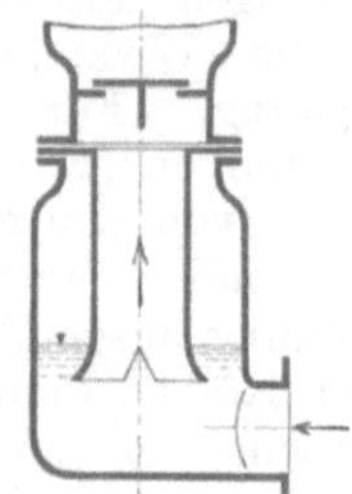

Abb. 68. Saugwindkessel einer doppelt wirkenden Pumpe.   Abb. 69. Saugwindkessel einer einfach wirkenden oder einer Differentialpumpe.

Etwas tiefer wird dann zweckmäßig eine weitere Reihe Löcher gebohrt, um sicher zu gehen, daß kein plötzlicher Luftübertritt am unteren Rande des Rohres stattfindet (s. Abb. 68). Dieselbe Wirkung wird durch zwei oder mehrere keilförmige Schlitze am unteren Ende des Trichterrohres erreicht (Abb. 69). Für eine gleichmäßige Verteilung des Wassers nach den beiden Hängerohren ist bei doppeltwirkenden Pumpen die seitliche Einmündung des Saugstutzens in der Mitte des Windkessels, wie sie Abb. 68 zeigt, am günstigsten. Der höchste Punkt des Saugrohranschlußstutzens muß etwas unter der untersten Kante des Saugtrichters liegen, damit die Saugwassersäule nicht abreißen kann.

Für eine gute Wirkung des Windkessels ist es erforderlich, daß das eintretende Wasser in seiner Richtung abgelenkt wird, bevor es in das Hängerohr tritt. In Abb. 68 und 69 ist dies der Fall. Die in Abb. 68 eingezeichneten wagerechten Rippen (Prallplatten, Wellenbrecher) dienen zur Beruhigung der Wasseroberfläche im Windkessel und unterstützen die Wirkung der kleinen Löcher im Saugtrichter. Unter den Hängerohren werden häufig Buckelplatten auf den Boden des Windkessels geschraubt, um dem Wasser eine gute Führung zu geben (Abb. 68). An den Saugwindkessel sind die Warzen für folgende Armaturen anzugießen: Eine obere und untere Warze für einen Wasserstandsanzeiger. Eine Warze für ein Vakuummeter. Eine Warze für einen Entlüftungshahn.

Druckwindkessel: Das Material ist für niedrigen und mittleren Druck Gußeisen; für sehr hohe Drücke Stahlguß oder Schmiedeeisen bzw. Stahl. Die genieteten oder geschweißten Windkessel aus Stahlblech sind bei hohen Drücken zuverlässiger und weniger gefährlich als gußeiserne oder Stahlgußkessel.

Die Berechnung der Wandstärke erfolgt ebenso wie die des Pumpenzylinders (s. S. 33). Mit Rücksicht auf die wechselnde, oft stoßweise Belastung wählt man die Zugbeanspruchung:

$$k_z = 150-200 \text{ kg/qcm für Gußeisen.}$$
$$k_z = 350-500 \text{ kg/qcm für Stahlguß.}$$
$$k_z = 600-700 \text{ kg/qcm für Flußeisen.}$$

Ein Richtungswechsel des abzuführenden Druckwassers ist auch hier vorteilhaft (s. Abb. 8, 11, 13). Die Anordnung Abb. 72 ist daher günstiger als Abb. 70. Auch liegt in Abb. 70 bei hohen Drücken die Gefahr vor, daß oben an der Dichtungsstelle Luft entweicht. Wenn das Hängerohr unten geschlossen ist, wie Abb. 71 zeigt, dann wird bei der Anordnung nach Abb. 70 ein Richtungswechsel des Wassers erzielt. Bei doppeltwirkenden Pumpen verbindet man zweckmäßig die Lufträume der beiden Druckwindkessel durch ein dünnes Rohr, um durch den Luftausgleich die Wirkung des Windkessels zu erhöhen (s. Abb. 8).

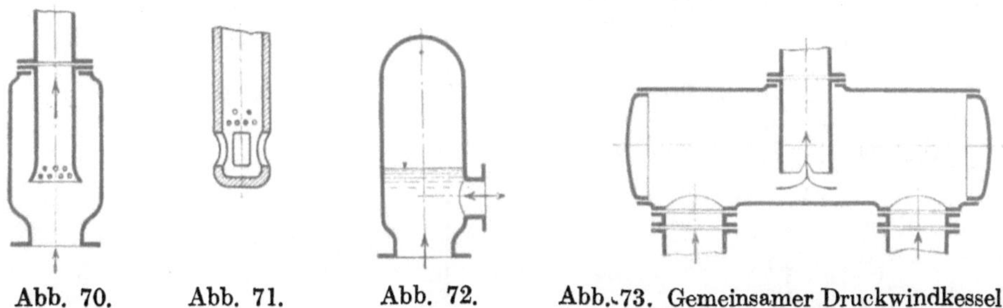

Abb. 70.   Abb. 71.   Abb. 72.   Abb. 73. Gemeinsamer Druckwindkessel für beide Seiten einer doppelt wirkenden Pumpe.

Oft ist es aus konstruktiven Rücksichten nicht möglich, die Windkessel in der erforderlichen Größe unterzubringen. In diesem Falle ordnet man kleinere Windkessel (Windhauben) über den Druckventilen an und setzt neben die Pumpe einen großen Windkessel. Es können auch zwei oder mehrere Pumpen mit Windhauben einen gemeinsamen Hauptdruckwindkessel erhalten. Bei großen Pumpenanlagen werden dann auch zwei oder mehrere Pumpen an einen gemeinsamen Hauptsaugwindkessel angeschlossen. Einen gemeinsamen Druckwindkessel für die beiden Seiten einer doppeltwirkenden Pumpe, wie er besonders zweckmäßig für große schnellaufende Pumpen ist, zeigt Abb. 73. Auch hier liegt die Möglichkeit vor, daß Luft an der Einsatzstelle des Tauchrohres bei unvollkommener Dichtung entweichen kann.

Für die Anbringung der Armaturen sind an dem Druckwindkessel die erforderlichen Warzen vorzusehen und zwar: Eine obere und eine untere Warze für den Wasserstandsanzeiger. Ferner je eine Warze für den Manometer, für ein Entlüftungsventil und bei hohen Drücken für den Anschluß der Druckluftleitung zum Ersatz der verbrauchten Luft.

f) Saugkorb (Saugkopf, Seiher) und Fußventil.

Der Saugkorb am Ende des Saugrohres soll die etwa im Wasser vorhandenen Unreinigkeiten fernhalten. Zu diesem Zweck wird er nach unten stark erweitert und siebartig durchlöchert (Abb. 74). Der Gesamtquerschnitt sämtlicher Löcher

(Schlitze, Drahtgeflechtmaschen) muß mindestens drei- bis viermal so groß wie der Saugrohrquerschnitt sein, damit möglichst geringe Widerstände beim Saugen entstehen und der Saugkorb auch noch nach teilweiser Verstopfung weiterarbeiten kann. Die Öffnungen werden am besten seitlich angebracht (Abb. 74 bis 76), damit durch das Saugen kein Schlamm oder Sand vom Grunde des Brunnens aufgewirbelt wird.

Wenn der Saugkorb mit Fußventil versehen ist, kann die Saugwassersäule bei längerem Stillstehen und beim Öffnen der Pumpe nicht ablaufen, und die Pumpe springt beim Anlassen sofort mit Wasser an. Außerdem kann die etwa entleerte Saugleitung durch die Umlaufventile wieder angefüllt werden. Bei

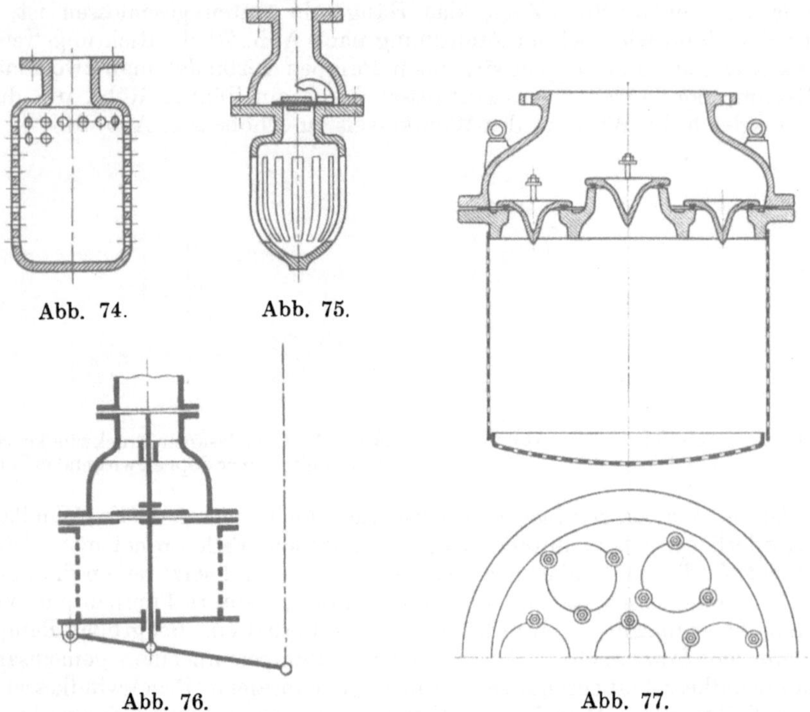

Abb. 74. Abb. 75.

Abb. 76. Abb. 77.

Vorhandensein eines Fußventils muß die Saugleitung und der Saugwindkessel für den vollen Druck berechnet werden. Das Fußventil muß einen möglichst großen Querschnitt erhalten und muß sehr leicht sein, damit der Widerstand beim Saugen klein wird. Der Saugkorb mit Fußventil kann mit einer Lederklappe (Abb. 75), mit einer Gummiklappe oder mit einem Metallventil (Teller-, Kegel- oder Kugelventil) ausgerüstet werden. Das in Abb. 76 gezeichnete Fußventil kann von oben durch Anziehen der Zugstange gelüftet werden, wenn das Saugrohr entleert werden soll. Saugkorb und Fußventil müssen zwecks Reinigung gut zugänglich sein.

Für große Saugrohrdurchmesser von 400—1000 mm baut die Firma Bopp & Reuther-Mannheim das Fußventil in Gruppenanordnung wie Abb. 77 zeigt. Die Führung und die Hubbegrenzung der einzelnen Ventile erfolgt in einfacher Weise durch drei Schraubenbolzen. Die untere Formgebung des Ventilkörpers gibt dem Wasser eine gute Führung. Der eingelassene Gummiring bewirkt einen sanften Ventilschluß. Der schmiedeeiserne Seiher ist gegen Rosten verzinkt.

g) Ventile.

Als Material verwendet man meistens Rotguß oder Phosphorbronze, vor allem für den Ventilkörper, weil derselbe möglichst leicht werden muß. Bei größeren Abmessungen kann der Ventilsitz aus Sparsamkeitsgründen auch aus Gußeisen oder für sehr hohe Drücke aus Stahlguß hergestellt werden. Dann werden meistens besondere Bronzeringe als Dichtungsfläche auf den Sitz geschraubt wie Abb. 78 zeigt. Die metallische Sitzfläche des Ventiltellers ist nur für vollkommen reines Wasser anwendbar. Bei Förderung von unreinen, sandigen und schlammigen Flüssigkeiten muß der Ventilteller eine weiche Dichtungsfläche (Leder, Gummi, Holz) erhalten, wodurch gleichzeitig ein weiches Aufsetzen des Ventils beim Schluß erreicht wird. Bei hohen Drücken reicht die weiche Dichtung nicht mehr aus. Es kann dann bei unreinem Wasser eine Lederdichtung in Verbindung mit der metallischen Dichtung ausgeführt werden wie Abb. 87 zeigt. Der Lederring bewirkt eine sichere Dichtung selbst bei stark verunreinigtem Wasser. Kurz nach der Abdichtung durch das Leder erfolgt dann die Aufnahme des Druckes durch die metallische Fläche. Diese Ventile werden nach dem Erfinder Fernisventile genannt. Wegen der Anwendung von Leder kommt aber nur kaltes Wasser in Frage.

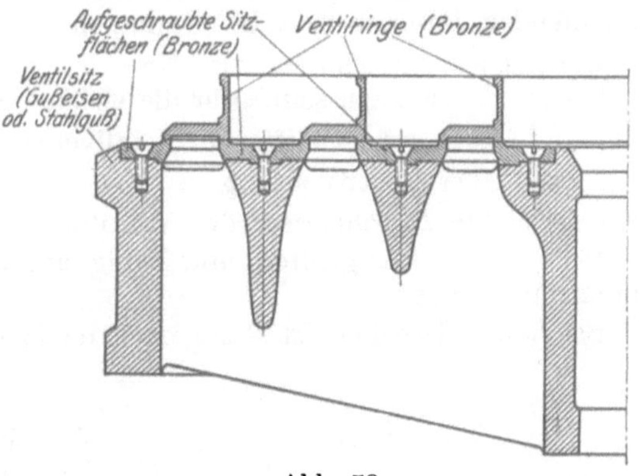

Abb. 78.

Heute werden fast nur noch einspaltige oder mehrspaltige Ringventile angewendet. Anstatt der großen mehrspaltigen Ringventile werden bei großen Pumpenabmessungen in letzter Zeit vielfach Gruppenventile bevorzugt, d. h. eine große Anzahl kleiner, leichter, einspaltiger Ringventile wird gruppenartig auf einer gemeinsamen Ventilplatte angeordnet (s. Abb. 89). Hierdurch ist eine billige Serienfabrikation möglich und die kleinen Ventile arbeiten leichter und ruhiger als die großen mehrspaltigen Ringventile. Der Betrieb wird dadurch zuverlässiger, daß von einer etwaigen Störung meistens nur ein einzelnes Ventil betroffen wird, welches leicht durch ein Reserveventil auszuwechseln ist. Es brauchen dann nur einige vollständige kleine Ventile als Reserveteile mitgeliefert zu werden.

Die Etagenventile sind außer dem Körtingschen Gummiringventil (Abb. 90) und dem Kinghornventil (Abb. 92) wohl als veraltet zu bezeichnen. Sie sind durch die Ringventile und die Gruppenventile fast vollkommen verdrängt worden. In neuerer Zeit kommt das Lippenventil vereinzelt in Aufnahme (s. Abb. 91). Es zeichnet sich ebenso wie das Körtingsche Gummiringventil durch fast geräuschloses Arbeiten aus.

Gewöhnliche, nicht ringförmige Ventile, werden heute nur noch für kleine, einfache und langsamlaufende Pumpen verwendet.

Die Dichtungsfläche der Ventile kann kegelförmig (Kegelventile), eben (Tellerventile), oder kugelförmig (Kugelventile) sein. Die Kegelventile sind schwerer herzustellen und aufzuschleifen als die Tellerventile. Der Durchgangswiderstand ist bei den Kegelventilen etwas geringer, weil die Wasserführung günstiger als bei den Tellerventilen ist. Die Tellerventile arbeiten stoßfreier als die Kegelventile. Kugelventile werden noch vielfach für kleinere Pumpen zur Förderung von dicken Flüssigkeiten (Sirup, dickes Öl, Teer, Maische, Jauche) verwendet. Kleinere Kugeln werden voll aus Bronze oder Stahl, größere in Bronzehohlguß oder aus Hartgummi hergestellt. Die Kugelventile halten nicht völlig dicht, da sie nicht eingeschliffen werden können. Der Winkel α (s. Abb. 93) muß kleiner als 45^0 sein, damit die Kugel sich nicht festklemmt.

Die Pumpenventile arbeiten selbsttätig. Der Schluß des Ventils wird durch eine Metallfeder (s. Abb. 83, 84 und 85) oder durch eine Gummirohrfeder (s. Abb. 86, 87 und 88) bewirkt. Der Ventilteller muß so leicht wie irgend möglich konstruiert werden (s. S. 23). Jedoch darf der Teller nicht so leicht gebaut sein, daß er sich bei der Bearbeitung etwa verzieht. Reine Gewichtsbelastung (d. h. schwere Ventilteller ohne Federbelastung) findet man nur noch bei kleinen langsamlaufenden Pumpen und Handpumpen.

Die Dichtungsfläche soll zur Erreichung eines möglichst kleinen Öffnungsdruckes möglichst klein sein. Für die Größe der Sitzbreite gibt Bach an:

$$\text{bei aufgeschliffenen Metallventilen } b = 0,8 \ \sqrt{d}$$
$$\text{bei Lederdichtung } \ldots \ldots \ldots b = 1,25 \ \sqrt{d},$$

wo d der lichte Durchmesser des Ventilsitzes in mm ist.

Bei reinen Flüssigkeiten und ruhig arbeitenden Ventilen kann b kleiner genommen werden.

Bei hohen Drücken ist dann noch nachzurechnen, ob der Flächendruck p auf die Sitzfläche nicht zu hoch wird. Nach Hütte dürfen folgende Werte nicht überschritten werden:

$p = 150$ kg/qcm für Rotguß,

$p = 200$ kg/qcm f. Phosphorbronze,

$p = 80$ kg/qcm für Gußeisen,

$p = 50$ kg/qcm für Leder.

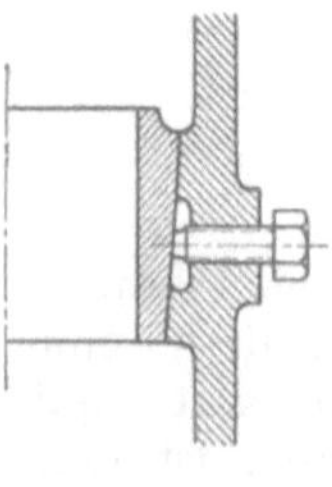

Der Ventilsitz wird meistens als besonderer Körper in den Ventilkasten eingesetzt. Selten besteht er mit dem Ventilgehäuse oder dem Pumpenzylinder aus einem Stück. Die Sitze der kleinen Ventile (auch der kleinen Gruppenventile) werden am sichersten eingeschraubt (Abb. 83 und 92) oder auch wohl schwach konisch eingepreßt (Abb. 79, 81 und 82). Eine Sicherung durch eine von außen anzuziehende Kopfschraube wie in Abb. 79 angegeben, kann bei zu starkem Anziehen der Schraube leicht ein Verziehen des Sitzes herbeiführen. Größere Ringventile und die Ventilplatten der Gruppenventile werden durch drei bis vier Druckbolzen, welche von außen zugänglich sind, befestigt (s. Abb. 80 u. 89).

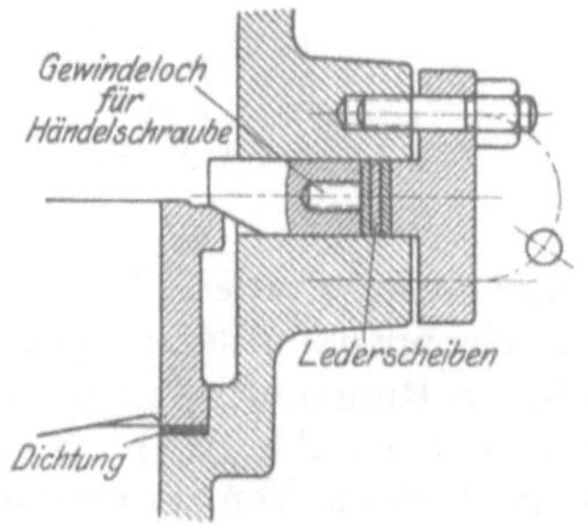

Abb. 79. Abb. 80.

An ein gut konstruiertes Ventil werden folgende Forderungen gestellt: Bei genügender Festigkeit muß der Ventilteller des federbelasteten Ventils möglichst leicht sein und zwar um so leichter, je höher die Hubzahl ist.

In geschlossenem Zustande muß das Ventil vollkommen dicht halten.

Die Führung des Ventils muß möglichst lang sein, damit es sich nicht eckt.

Der Durchgangswiderstand des Ventils muß klein sein. Die Federbelastung darf nicht unnötig groß sein.

Das Ventil muß einen möglichst sanften, geräuschlosen Schluß haben.

Eine stärkere Durchbiegung des Ventilsitzes durch den Wasserdruck, welche die Dichtung des Ventils beeinträchtigen kann, muß vermieden werden.

Bei einer Anzahl i durchlaufender radialer Rippen des Ventilsitzes ergeben die beiden schraffierten Sektoren (Abb. 81) die Belastungsfläche einer Rippe an, so daß die Belastung der Rippe $P = \dfrac{\pi\,d_1^2}{4\,i} \cdot p_i$ wird, wo p_i der Flüssigkeitsdruck ist.

Das größte Moment wird ohne Berücksichtigung der günstig wirkenden Nabe:

$$M = P\,\frac{l}{12}. \quad \text{Also} \quad P\,\frac{l}{12} = \frac{s \cdot h^2}{6}\,k_b.$$

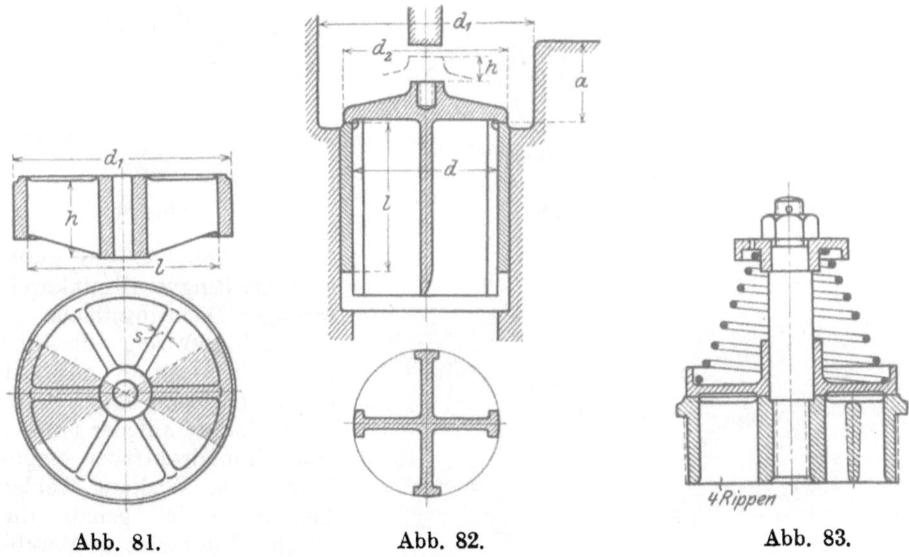

Abb. 81. Abb. 82. Abb. 83.

Man kann mit genügender Sicherheit annehmen:

$k_b = 150$ kg/qcm für Gußeisen.

$k_b = 250$ kg/qcm für Rotguß und Phosphorbronze.

$k_b = 300$ kg/qcm für Stahlguß.

$\dfrac{s}{h}$ ist ungefähr $\dfrac{1}{7}$ bis $\dfrac{1}{8}$ anzunehmen, damit die Konstruktion nicht zu weich wird. Nach unten werden die Rippen zweckmäßig zugeschärft. Eine ausführliche Berechnung des Ventilsitzes findet man in dem Werk Dahme, Die Kolbenpumpe.

Die Ventilspindel besteht meistens aus Delta- oder Duranametall. Bei kleinen Ventilen wird sie in den Sitz eingeschraubt (Abb. 83, 85 und 92). Bei größeren Ventilen erfolgt die Befestigung gewöhnlich ebenso wie bei den Kolbenstangen durch Konus und Mutter oder Bund und Mutter (s. Abb. 87). Der Konus dichtet sicherer ab als der Bund.

Abb. 82 zeigt ein einfaches Tellerventil ohne Federbelastung mit unterer Rippenführung. Die Länge l der Führung muß ungefähr gleich d gemacht werden, um ein Ecken des Ventils zu vermeiden. Je höher die Abflußöffnung (a) über dem Ventil liegt, desto kleiner kann l werden. Die Hubbegrenzung wird bei normalem Arbeiten nicht von dem Ventil berührt, sondern dient nur zur Sicherheit für außergewöhnliche Fälle. Das Ventil schwebt in der höchsten Stellung (h) auf dem Wasserstrom. Der Ringquerschnitt $\dfrac{\pi\,d_1^2}{4} - \dfrac{\pi\,d_2^2}{4}$ muß mindestens gleich $\dfrac{\pi\,d^2}{4}$ sein. In Abb. 83 ist ein einfaches Tellerventil mit Federbelastung gezeichnet. In Abb. 84 ein einspaltiges Ringventil mit kegelförmiger Dichtungsfläche.

Abb. 84.

Abb. 85.

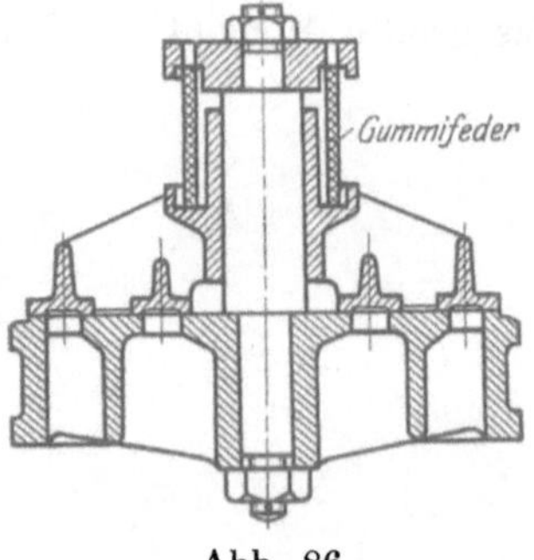

Abb. 86.

In Abb. 85 ein zweispaltiges Ringventil mit kegelförmiger Dichtungsfläche.

Abb. 86 zeigt dasselbe zweispaltige Ringventil mit ebenen Dichtungsflächen. An Stelle der Metallfeder ist hier eine Gummirohrfeder eingebaut. Die Wirkung beider Federarten ist genau die gleiche. Nur rostet die Metallfeder leicht.

Das zweispaltige Ringventil (Abb. 87) hat kegelförmige Metalldichtung in Verbindung mit Lederdichtung (Fernisventil). Die einzelnen Dichtungsringe sind hier frei beweglich und werden in acht länglichen Schlitzen des Ventilkörpers geführt.

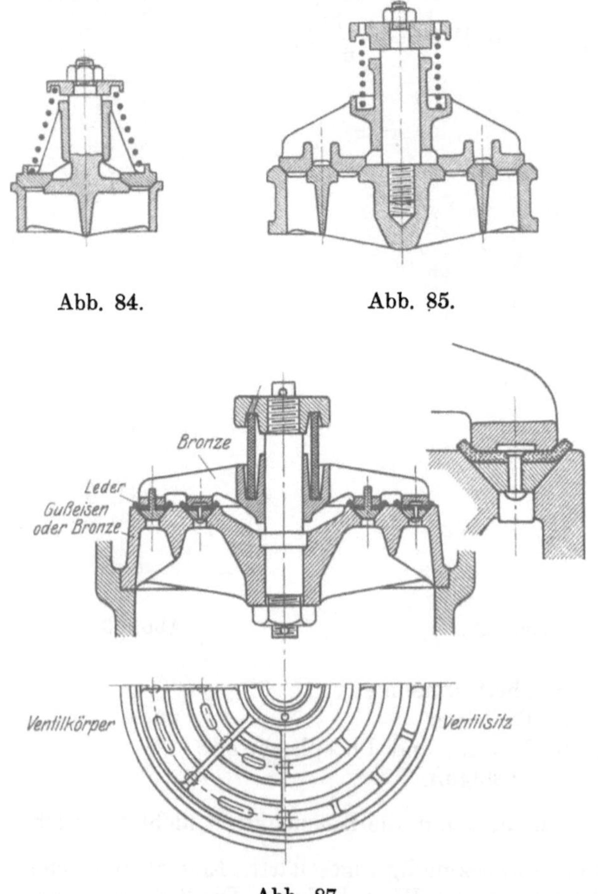

Abb. 87.

Die Lederringe sind durch acht Kupferniete mit den Dichtungsringen verbunden. Das Ventil verträgt unreines, aber nur kaltes Wasser.

In dem dreispaltigen Ringventil (Abb. 88) sind die drei Ringe mit kegelförmigen Dichtungsflächen ebenfalls unabhängig voneinander in dem Ventilkörper beweglich, so daß ein Fremdkörper, welcher sich zwischen die Dichtungsfläche eines Ringes setzt, nur bei diesem einen Ringe eine Störung hervorruft, während die anderen Ringe weiter selbständig abdichten.

In Abb. 89 ist die Sitzplatte für ein siebenfaches Gruppenventil gezeichnet. Die Ventile werden heute meistens als kleine einspaltige Ringventile, wie Abb. 84, mit kegelförmiger oder tellerförmiger Dichtungsfläche ausgeführt. Die Befestigung der Sitzplatte geschieht hier durch vier von außen zugängliche Druckbolzen.

Abb. 90 ist ein Körtingsches Gummiringventil. Die einzelnen Gummiringe dehnen sich aus und dichten durch ihre Elastizität. Das Ventil ist für hohe Hubzahlen geeignet und verträgt sandhaltiges Wasser.

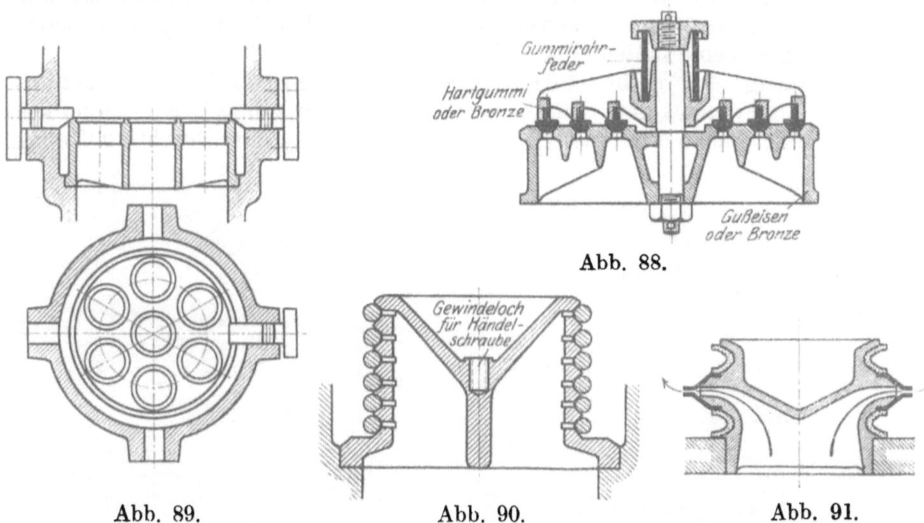

Abb. 88.

Abb. 89.   Abb. 90.   Abb. 91.

Das Lippenventil (Abb. 91), ein neueres Ventil, hat zwei konische Metallringe, welche durch V-förmige Gummiringe gegeneinander gepreßt werden. Das Ventil arbeitet sehr ruhig, dichtet aber nur bei besonders sorgfältiger Ausführung gut.

Das Kinghornventil (Abb. 92) hat drei dünne übereinanderliegende Metall-Dichtungsplatten von $1\frac{1}{2}$—2 mm Stärke. Die beiden unteren Platten haben gegeneinander versetzte Löcher, durch welche für das Wasser ein vergrößerter Durchgangsquerschnitt geschaffen·wird. Die

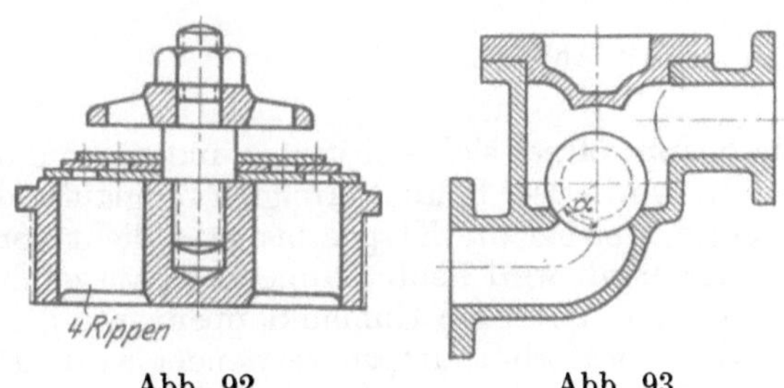

Abb. 92.   Abb. 93.

dünne zwischen den Platten verbleibende Wasserschicht befördert das sanfte Aufsetzen der Platten beim Schluß. Es wird als Gruppenventil häufig bei Kondensatorluftpumpen verwendet.

Abb. 93 zeigt ein einfaches Kugelventil.

h) Klappen.

Klappenventile sind im allgemeinen nur für niedrige Drücke verwendbar. Sie sind besonders für Kanalisationspumpen geeignet, wenn sie nur eine einzige große Öffnung haben und keine Stege im Sitz oder an der Klappe vorhanden sind, an welchen sich die Schmutzteile und Hadern des Kanalwassers festsetzen

können. In diesem Falle muß die um ein Scharnier drehbare Klappe aus Eisen
oder Bronze bestehen, damit sie sich nicht durchdrückt. An der Unterseite der
Klappe ist dann die weiche Dichtung (Gummi oder Leder) befestigt (Abb. 94).

Ferner findet man häufig Klappen im Fußventil unten in der Saugleitung
(s. Abb. 75). Eine ausgedehnte Anwendung finden die Klappen bei den Kondensatorluftpumpen.

Die Dichtung der Klappen ist gewöhnlich weich (Leder, Gummi, oder Gummi
mit Leinwandeinlage). Die Belastung ist dann meistens eine Gewichtsbelastung,
welche nur geringe Geschwindigkeiten zuläßt. Die weichen Dichtungen, besonders
Leder, vertragen keine heißen Flüssigkeiten.

Abb. 95 zeigt eine rechteckige Klappe, wie sie Riedler für Kanalisationspumpen oft angewendet hat. Durch die weite Rückverlegung des Drehpunktes
der Klappe entsteht an allen vier Seiten eine fast gleichgroße Durchflußöffnung.

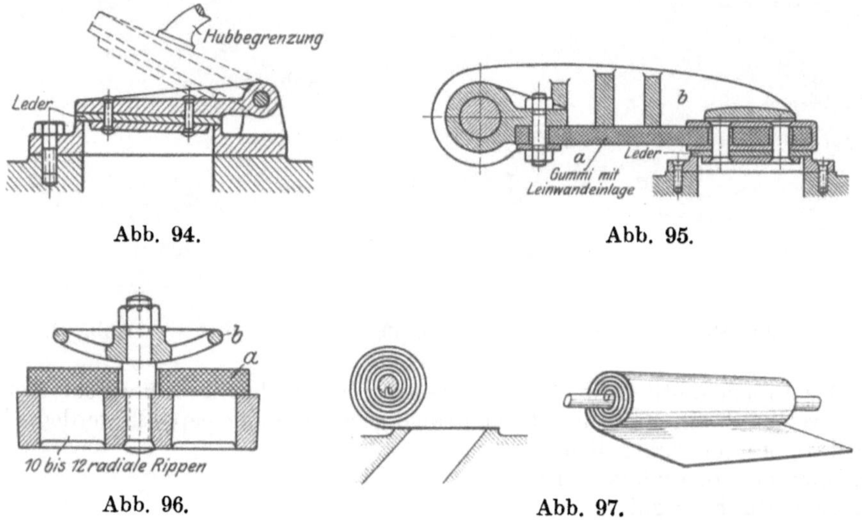

Die Klappe öffnet sich selbsttätig, indem sie durch die elastische Gummiplatte a
geführt wird. Der Schluß erfolgt zwangläufig durch den von außen gesteuerten
Hebel b, welcher die Klappe bis ganz dicht vor die Schlußstellung drückt. Ein
Zwangsschluß wird heute kaum mehr ausgeführt.

In Abb. 96 ist ein Gummiklappenventil gezeichnet, wie es als Gruppenventil
bei Kondensatorluftpumpen verwendet wird. Die Gummiplatte a legt sich nach
der Öffnung muldenförmig an den Klappenfänger b an. Da Gummi warmes
Wasser, besonders in Verbindung mit Fettsäuren schlecht verträgt, sind diese
Klappen vielfach durch das Kinghornventil (Abb. 92) verdrängt worden.

Von den Metallklappen hat sich die Gutermuthklappe vorzüglich bewährt.
Sie ist außerordentlich leicht und hat eine gute Federung, so daß sie sich für hohe
Geschwindigkeiten und auch für warme Flüssigkeiten eignet. Sie läßt höhere
Drücke als die Klappe mit weicher Dichtung zu, besonders, wenn eine größere
Anzahl kleiner Gutermuthklappen gruppenartig angeordnet wird.

Die Gutermuthklappe (Abb. 97) ist in der Sitzfläche verstärkt, damit sie
sich nicht so leicht durchbiegt. Der dünnere Teil der Stahlplatte wird spiralförmig um eine Achse aufgewickelt, indem das Ende der Platte in einem Längsschlitz der Achse befestigt wird.

i) Schnellaufende Pumpen (Expreßpumpen).

Die Expreßpumpen wurden zuerst im Jahre 1898 nach den Konstruktionen von Professor Riedler gebaut, um die Pumpen ohne Übersetzung durch rasch-laufende Dampfmaschinen oder Elektromotoren antreiben zu können. Das Saugventil war liegend angeordnet und wurde durch den Kolben in seiner Endstellung zwangläufig geschlossen. Heute ist man von dem gesteuerten Saugventil abgekommen und baut die Schnellpumpen mit kleinem Kolben-hub und sehr großen Ventilquerschnitten (häufig Gruppenventile). Bei dem kleinen Hub bleiben

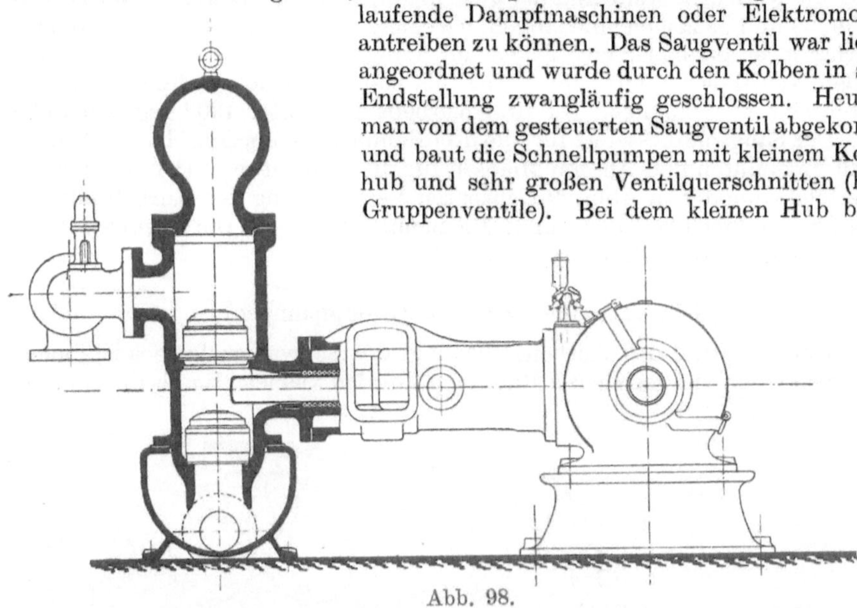

Abb. 98.

selbst bei hohen Umdrehungszahlen die Beschleunigungen des Kolbens und des Wassers innerhalb der zulässigen Grenzen. Die großen Ventilquerschnitte lassen einen ganz geringen Ventilhub zu. Die Ventile müssen möglichst leicht werden, was am besten durch Gruppenventile oder durch Guter-muthklappen in Gruppenanordnung erreicht wird. Je rascher die Pumpe läuft, um so mehr muß die Saug-

Abb. 99.

4*

höhe verringert werden. Die Schnellpumpen laufen mit 150 bis 200 und sogar bis 250 Umdrehungen in der Minute. Sehr vorteilhaft ist hier die einfachwirkende Pumpe in Drillingsanordnung wegen des günstigen Drehmomentes an der Kurbelwelle und der gleichmäßigen Wasserbewegung im Druckrohr. Abb. 98 und 99 zeigen eine einfach wirkende schnellaufende Drillingspumpe von Ehrhardt & Sehmer-Saarbrücken im Längsschnitt und im Gesamtbild. Die großen Ventilquerschnitte im Verhältnis zum Kolbenquerschnitt und zum Kolbenhub sind zu erkennen. Die drei Kurbeln sind unter 120° gegeneinander versetzt. Der Saugwindkessel ist für alle drei Pumpen gemeinsam. In der Abb. 99 sieht man links unten den Anschlußflansch für die Saugleitung. Der Antrieb der Pumpe erfolgt von der in Abb. 99 sichtbaren Verlängerung der Kurbelwelle aus durch direkte Kuppelung oder durch Riemenübertragung. Die Pumpe fördert bei 170 Umdr./Min. 4200 Liter auf 125 m Druckhöhe.

k) Schwungradlose Pumpen (Dampfpumpen).

Durch den Fortfall des Kurbeltriebes und des Schwungrades beanspruchen diese Pumpen einen viel geringeren Raum und werden viel leichter als die gewöhn-

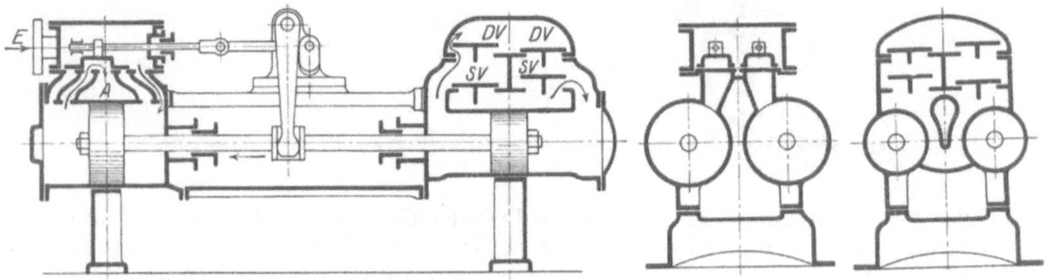

Abb. 100.

lichen mit Kurbeltrieb gebauten Pumpen. Auch wird das Fundament viel kleiner und leichter.

Bei den Duplexpumpen sind zwei Zylinder und zwei Pumpen parallel nebeneinander angeordnet. Die beiden Dampfzylinder sind gleich groß und ihre Kolbenstangen wirken auf je eine gleichachsige Pumpe. Der Dampfschieber des einen Zylinders wird immer von der Kolbenstange des anderen Zylinders gesteuert. Die Schieber sind gewöhnliche Muschelschieber oder Kolbenschieber. Der Schieberspiegel hat aber fünf Öffnungen (s. Abb. 100), da die äußeren Kanäle doppelt ausgeführt sind. Die beiden äußersten nach den Zylinderenden führenden Kanäle dienen nur zur Einströmung, die beiden weiter nach der Mitte zu liegenden Kanäle dienen nur zur Ausströmung. Der mittlere Kanal ist Auspuffkanal. Die äußeren und inneren Deckungen betragen 1—5 mm. Der Schieberhub ist höchstens gleich 2 mal (Deckung + einfacher Kanalweite), d. h. der Schieber öffnet außen nur den äußeren Kanal, innen nur den inneren Kanal. Eine längere Öffnungsdauer der Kanäle läßt sich durch verstellbare Anschlagmuttern auf der Schieberstange erreichen, indem dadurch ein mehr oder weniger großer toter Gang des Schiebers erzielt wird. Vor Ende des Hubes verdeckt der Kolben die Ausströmkanäle und verhindert dadurch ein Anschlagen des Kolbens gegen die Deckel (Dampfkissen). An jedem Hubende entsteht eine kurze Pause in der Kolbenbewegung. Dadurch können die Ventile sich sehr sanft schließen.

Die Pumpen machen 20—30, höchstens 40—50 Doppelhube in der Minute.

Die Pumpenkolbendichtung besteht aus einer Hanfliderung. Neuerdings wird auch oft metallische Dichtung verwendet. In Abb. 100 sind SV die Saugventile, DV die Druckventile. Abb. 101 zeigt eine Duplex-Speisepumpe mit Gelenksteuerung der Firma Weise & Monski-Halle a/S. Auf der Pumpenseite ist unten links der Saugrohranschluß und oben der Druckwindkessel mit dem

Abb. 101.

Druckrohranschluß zu erkennen. Wegen des hohen Druckes hat die Pumpe Plungerkolben und außenliegende Stopfbüchsen, welche ebenfalls deutlich zu sehen sind. An Stelle der altbewährten außenliegenden Gelenksteuerung führt die Firma auch eine gelenklose Steuerung aus. Bei der Duplexpumpe ohne Außensteuerung der Firma Schwade-Erfurt (Abb. 102) sind zum Schutz gegen äußere Einflüsse alle beweglichen Teile nach innen gelegt und gekapselt.

Der Dampfverbrauch der Dampfpumpen ist sehr hoch. Bei großen Pumpen wird derselbe durch Verbundanordnung und durch kleine Füllungen (Expansionssteuerung) nicht viel höher als bei den Pumpen mit Kurbeltrieb, besonders wenn noch ein sogenannter Kraftausgleicher eingebaut wird. Dieser speichert den Arbeitsüberschuß während der Füllungsperiode auf und gibt ihn während der Expansionsperiode wieder an den Kolben ab.

Abb. 102.

Die Simplexpumpen haben nur einen Dampfzylinder und einen Pumpenzylinder. Oft werden zwei voneinander unabhängige Pumpen zu einer Simplexzwillingspumpe vereinigt. Jede Kolbenstange steuert aber ihren eigenen Zylinder. Die Steuerung ist meistens eine indirekte, indem von der Kolbenstange oder vom Kolben ein kleiner Hilfsdampfschieber betätigt wird, welcher wieder den durch Dampf bewegten Hauptschieber steuert. Die Steuerung ist sehr verwickelt; die Pumpen erfordern eine sehr sorgsame Wartung. Sie arbeiten nicht so zuverlässig wie die Duplexpumpen, sind aber billiger und leichter und werden aus letzterem Grunde häufiger als Speisepumpen auf Schiffen verwendet.

l) Rotationspumpen.

Diese Pumpen haben einen sehr geringen Wirkungsgrad, so daß sie nur für einzelne besondere Zwecke in Frage kommen. Als Kühlwasserpumpe bei Automobilmotoren und Bootsmotoren hat sich die Zahnradpumpe wegen ihrer Einfachheit und Betriebssicherheit bewährt. Außerdem wird sie als Schmierölpumpe und Seifenwasserpumpe bei großen Werkzeugmaschinen häufig angewendet (s. Abb. 103). Die Zähne müssen sehr genau ohne Spiel gefräst werden und aus

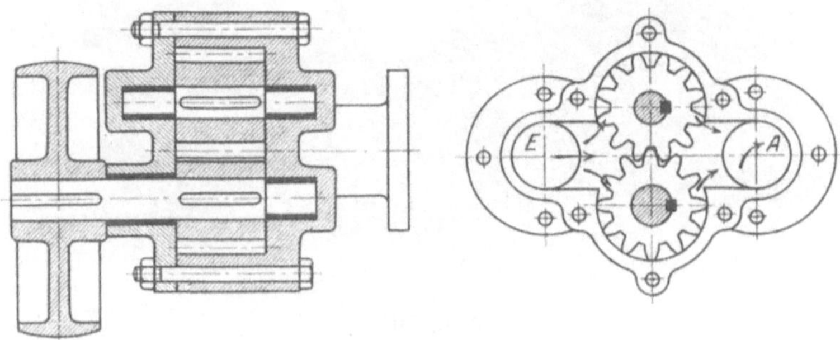

Abb. 103.

möglichst hartem Material bestehen; überhaupt muß die Pumpe sehr genau hergestellt werden, da die Abnutzung Undichtheit und Verringerung des Lieferungsgrades hervorruft. Die Flüssigkeit tritt zwischen die Zahnlücken und wird nach der Absperrung durch die umschließende Gehäusewand beim Drehen der Räder mitgenommen, wie in der Abb. 103 durch die Pfeile angedeutet ist. Bei sehr guter Ausführung läßt sich ein Lieferungsgrad von 0,9—0,95 und ein Wirkungsgrad von 0,6—0,7 erreichen. Im allgemeinen kommt die Zahnradpumpe nur für niedrige Drücke in Frage. Doch lassen sich auch höhere Drücke damit erreichen. Das Gehäuse wird aus Gußeisen oder Bronze, die Räder aus Stahl oder Phosphorbronze hergestellt. Für Seewasser und Säuren werden Räder und Gehäuse aus Bronze gefertigt.

4. Inbetriebsetzung und Regelung.

Infolge des schädlichen Raumes ist es nicht ratsam, die Kolbenpumpe bei der Inbetriebsetzung zuerst als Luftpumpe arbeiten zu lassen; vielmehr ist es zweckmäßig, zuerst durch eine Umleitung den Pumpenzylinder mit Wasser zu füllen. Dadurch wird der schädliche Raum beseitigt und die Pumpe ist jetzt imstande, eine so große Luftverdünnung zu erzeugen, daß das Wasser im Saugrohr hochsteigt und damit die Förderung beginnt.

Die sekundliche Wasserlieferung einer Kolbenpumpe ist von dem Hubvolumen und der Umlaufszahl abhängig. Meist wird die Fördermenge durch Änderung der Umlaufszahl geregelt. Bei Schwungraddampfpumpen findet die

Regelung entweder von Hand oder mittels eines Leistungsreglers statt. Der letztere ist ein stark statischer Regler, dessen Muffenweg einer großen Änderung der Umlaufszahl entspricht. Indem man von Hand die Zugstangenlänge des Stellzeuges verkleinert oder vergrößert, läuft die Maschine schneller oder langsamer. Um bei plötzlicher Entlastung der Pumpe (Rohrbruch) ein Durchgehen zu verhindern, ordnet man besondere Ausklinkvorrichtungen an, da bei der höchsten Muffenstellung des Reglers die Maschine eine zu große Umlaufszahl hätte.

II. Kreiselpumpen.

1. Wirkungsweise und Bauarten.

Die in Abb. 104 skizzierte Kreiselpumpe soll mit Wasser gefüllt sein. Wird das Laufrad K (Kreisel) gedreht, so erteilen die Schaufeln dem im Laufrad befindlichen Wasser eine drehende Bewegung. Die hierbei auftretende Zentrifugalkraft treibt das Wasser in den Schaufelkanälen nach außen, so daß am inneren Radumfang Raum freigegeben und dadurch ein Unterdruck hervorgerufen wird. Infolgedessen setzt der Atmosphärendruck A, welcher auf dem Wasserspiegel im Brunnen wirkt, die im Saugrohr R_s befindliche Wassersäule in Bewegung und

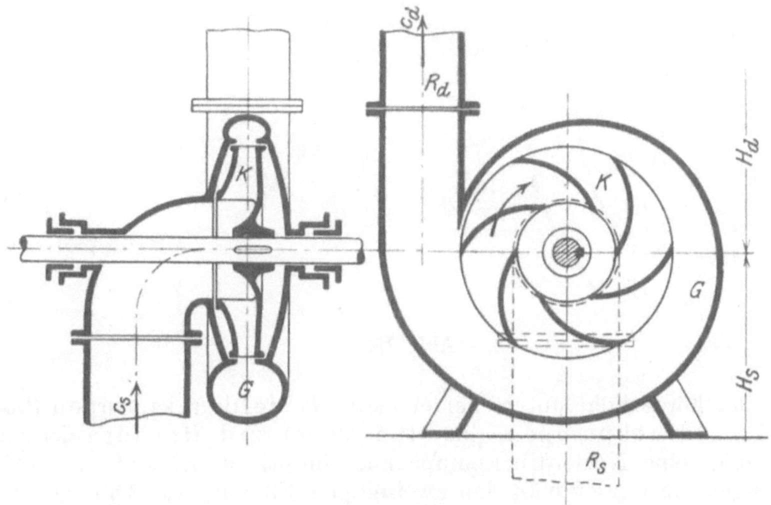

Abb. 104.

das Wasser tritt aus dem Saugrohr mit einer bestimmten Geschwindigkeit und Pressung in das Laufrad ein. Am inneren Radumfang wird also der freigegebene Raum sofort wieder mit Wasser gefüllt, während am äußeren Radumfang das Wasser mit einer bestimmten Geschwindigkeit und Pressung in das Gehäuse G ausströmt.

Im Gehäuse muß das Wasser so geleitet werden, daß die Verluste, welche infolge Richtungsänderung der Wasserstrahlen und Wirbelbildung entstehen, möglichst klein werden und daß eine möglichst stoßfreie Umsetzung der Geschwindigkeit in Druck stattfindet. Durch diese Forderungen ist die spiralförmige Ausführung des Gehäuses bedingt. Findet im Gehäuse keine Geschwindigkeitsänderung statt, so muß die Umsetzung der Geschwindigkeit in Druck in einem konischen Stutzen erfolgen. Durch den im Gehäuse bzw. Stutzen entstehenden Druck wird die im Druckrohr R_d befindliche Wassersäule in Bewegung gesetzt.

Das Förderwasser bewegt sich demnach in ununterbrochenem Strome vom Brunnen durch das Saugrohr, Laufrad, Gehäuse und Druckrohr zum Ausguß. Ventile und Windkessel sind somit nicht notwendig.

Am unteren Ende des Saugrohrs wird ein Saugkorb und ein Fußventil angeordnet, um Unreinigkeiten fernzuhalten und ein Abfließen des Wassers bei Stillstand zu verhindern. In das Druckrohr wird ein Regulierschieber und bei Druckhöhen über 10 m eine Rückschlagklappe eingebaut. Bei der Klappe ist ein Umlauf sehr zweckmäßig.

Wie gezeigt wurde, leistet die durch die Drehung des Laufrades erzeugte Zentrifugalkraft die Förderarbeit, demnach ist die Förderhöhe hauptsächlich von der Umlaufszahl und dem Durchmesser des Laufrades abhängig. Außerdem hat die Schaufelform auf die Förderhöhe einen wesentlichen Einfluß.

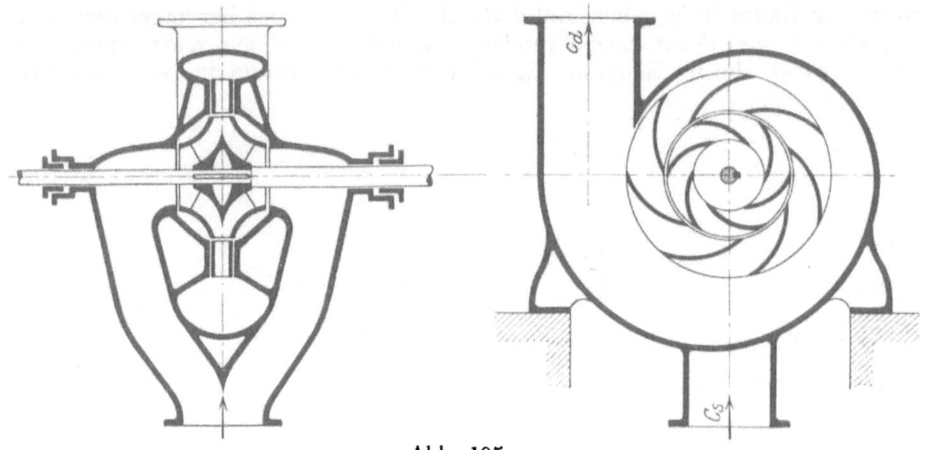

Abb. 105.

Nach der Förderhöhe unterscheidet man: Niederdruckpumpen (bis etwa 20 m), Mitteldruckpumpen (bis etwa 50 m) und Hochdruckpumpen. Abb. 104 zeigt eine Niederdruckpumpe mit einseitigem Einlauf. Bei größeren Wassermengen verwendet man den zweiseitigen Einlauf, wie Abb. 117 zeigt.

Die Umsetzung der Geschwindigkeit in Druck im Gehäuse oder im konischen Stutzen ist nur bei kleinen Förderhöhen zweckmäßig, da die hierbei auftretenden Verluste um so größer werden, je größer die Austrittsgeschwindigkeit des Wassers aus dem Laufrad ist. Die letztere wächst mit der Umlaufszahl und dem Raddurchmesser und ist somit durch die gewünschte Förderhöhe hauptsächlich bestimmt, wenn man den Einfluß der Schaufelform vorerst unberücksichtigt läßt.

Bei Förderhöhen über etwa 20 m ordnet man daher ein Leitrad, welches das Laufrad umschließt, an In diesem Leitrad (auch Diffusor genannt) findet die Umsetzung der Geschwindigkeit in Druck statt und das Wasser durchströmt das Gehäuse mit kleiner Geschwindigkeit und großer Pressung. Man verwendet beim Leitrad meist Schaufeln, um eine bessere Wasserführung und damit eine stärkere Umsetzung der Geschwindigkeit in Druck zu erzielen. Jedoch findet man auch Ausführungen ohne Schaufeln.

Abb. 105 zeigt eine Mitteldruckpumpe mit zweiseitigem Einlauf, welcher meistens ausgeführt wird.

Das Gehäuse ist rund (konzentrisch), wenn die Schaufeln am äußeren Umfang des Leitrades radial verlaufen. Ist dies nicht der Fall, dann wählt man die spiralförmige Ausführung.

Wegen der Ähnlichkeit mit der Turbine findet man auch die Bezeichnung Turbinenpumpe.

Bei größeren Förderhöhen (über etwa 50 m) verwendet man die Hochdruckpumpen, welche mit einem Laufrad oder meist mit mehreren hintereinander geschalteten Laufrädern ausgeführt werden Nach der Zahl der Laufräder nennt man die Pumpen ein- oder mehrstufig. Bei einer mehrstufigen Pumpe (Abb. 123, 3 Stufen) durchläuft das Förderwasser vom Saugstutzen aus alle Laufräder, welche einseitigen Einlauf haben und mit Leiträdern umschlossen sind, nacheinander. Zwischen je 2 Laufrädern ist ein Umführungskanal angeordnet. Vom letzten Leitrad läuft das Wasser durch ein ringförmiges Gehäuse in den Druckstutzen.

Mit einem Laufrad ist es möglich eine Druckhöhe von etwa 100 m zu erreichen. Bei der Wahl der Stufenzahl ist jedoch zu berücksichtigen, daß unter sonst gleichen Verhältnissen die Pumpe mit größerer Stufenzahl einen besseren hydraulischen Wirkungsgrad aufweist. In einer Hochdruckpumpe hat man schon bis zu 10 Stufen angeordnet.

Manchmal ist es zweckmäßig, die Welle vertikal anzuordnen, z. B. bei Abteufpumpen in Bergwerken.

Im Vergleich mit der Kolbenpumpe hat die Kreiselpumpe folgende Vorzüge, welche besonders bei großen Fördermengen hervortreten: Geringe Herstellungskosten, geringer Gewichts- und Platzbedarf, leichtes Fundament. Außerdem läßt sich die Kreiselpumpe mit raschlaufenden Kraftmaschinen (Elektromotor, Dampfturbine) unmittelbar kuppeln. Da bei der Kreiselpumpe die empfindlichen Ventile fehlen, ist sie zur Förderung von schlammigen Flüssigkeiten sehr geeignet. Ebenfalls sind die geringen Betriebskosten zu erwähnen. Der Hauptnachteil der Kreiselpumpe ist der schlechtere Wirkungsgrad, welcher besonders bei kleinen Wassermengen auf große Förderhöhen zutage tritt. Nachteilig ist auch die umständliche Inbetriebsetzung der Kreiselpumpe.

Bei dem Wettbewerb der Kreiselpumpe mit der Kolbenpumpe ist der Gesamtwirkungsgrad der Anlage, der Platzbedarf, das Anlagekapital und dessen Verzinsung und Abschreibung meist ausschlaggebend. So findet man in Wasserwerken Kreiselpumpen, welche unmittelbar durch Dampfturbinen angetrieben werden. Der Gesamtwirkungsgrad einer solchen Anlage erreicht denjenigen einer Anlage mit Dampfkolbenpumpe. Bei Wasserhaltungen in den Bergwerken verwendet man elektrisch angetriebene Kreiselpumpen, da hier neben dem Gesamtwirkungsgrad der Platzbedarf eine große Rolle spielt.

2. Berechnung.

a) Allgemeines.

Bei den Kolbenpumpen wurde im Abschnitt 2 a gezeigt, daß zur Erzeugung der Wassergeschwindigkeit von $c\ \dfrac{m}{sk}$ in einem Rohr eine Pressung von $h = \dfrac{c^2}{2\,g}$ m W.S. notwendig ist, wenn die Reibungswiderstände unberücksichtigt bleiben.

Das an das Gefäß angeschlossene Rohr habe nun verschiedene Querschnitte F, F_1, F_2, wie Abb. 106 zeigt. An diesem Rohr seien in den Querschnitten F_1

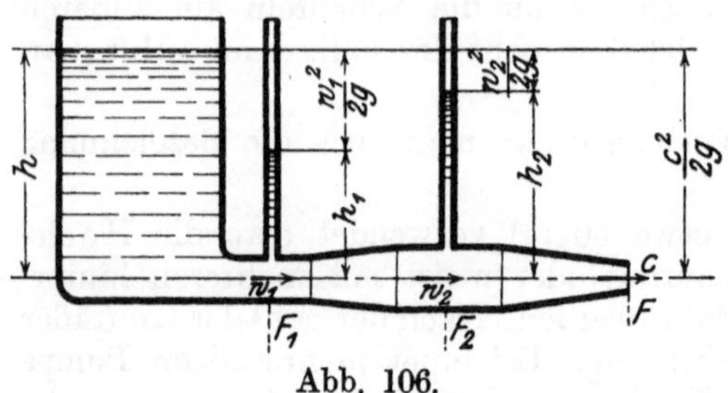

Abb. 106.

und F_2 oben offene Röhrchen (Piezometer) aufgesetzt. Solange die Austrittsöffnung geschlossen ist, stimmt der Wasserstand in den Röhrchen mit demjenigen im Gefäß überein; es ist somit in allen Querschnitten des Rohres der Überdruck gleich h m W.S. Öffnet man die Austrittsöffnung und setzt man voraus, daß der Wasserstand h im Gefäß durch entsprechenden Zufluß unverändert erhalten bleibt, dann wird sich das Wasser in den Röhrchen verschieden hoch einstellen, wie Abb. 106 zeigt.

Vernachlässigt man die Reibungswiderstände, dann ist an der Ausflußöffnung F: $h = \dfrac{c^2}{2\,g}$ m W.S., oder $c = \sqrt{2\,g\,h}\ \dfrac{m}{sk}$ und somit die Durchflußmenge $Q = F\,c\ \dfrac{cbm}{sk}$. Da in den Querschnitten F_1 und F_2 dieselbe Wassermenge in der Sekunde durchfließen muß, erhält man: $Q = F\,c = F_1\,w_1 = F_2\,w_2$ (Kontinuitätsgleichung). Aus dieser Gleichung folgt: $w_1 = \dfrac{F}{F_1}\,c$; da nun $F_1 > F$ ist, wird $w_1 < c$. Der Wassergeschwindigkeit w_1 in $\dfrac{m}{sk}$ entspricht die Geschwindigkeitshöhe $\dfrac{w_1{}^2}{2\,g}$ in m W.S. Weil $\dfrac{w_1{}^2}{2\,g} < h$ ist, muß im Querschnitt F_1 noch ein statischer Überdruck h_1 vorhanden sein. Hieraus folgt: $h_1 + \dfrac{w_1{}^2}{2\,g} = h$. Dasselbe trifft für den Querschnitt F_2 in erhöhtem Maße zu, so daß allgemein gilt:

$$h = h_1 + \frac{w_1{}^2}{2\,g} = h_2 + \frac{w_2{}^2}{2\,g} = \frac{c^2}{2\,g}.$$

In Worten: In allen Querschnitten ist die Summe von dem statischen Überdruck und der Geschwindigkeitshöhe unveränderlich.

Würde $F_2 < F$ sein, dann wird $w_2 > c$ und somit auch $\dfrac{w_2{}^2}{2\,g} > h$. Hieraus folgt: $-\,h_2 + \dfrac{w_2{}^2}{2\,g} = h$; h_2 wird also negativ, im Querschnitt F_2 würde ein Unterdruck auftreten. Dieser Vorgang wird bei den Wasserstrahlpumpen praktisch verwertet.

b) Erreichbare Saughöhe.

Bezeichnet h_0 die Pressung in m W.S. und c_0 die axiale Geschwindigkeit in $\dfrac{m}{sk}$, welche das Wasser am Ende des Saugmundes hat, H_s die Saughöhe in m, h_{ws} die Widerstandshöhe, welche durch die Reibungswiderstände im Saugrohr hervorgerufen wird, dann ist:

$$A = H_s + h_{ws} + h_0 + \frac{c_0{}^2}{2\,g}$$

$$\text{oder} \quad h_0 = A - H_s - h_{ws} - \frac{c_0^2}{2\,g}.$$

Bezeichnet h_t den Sättigungsdruck des Wassers von t^0 C in m W.S., dann muß $h_0 > h_t$ sein, wenn die Pumpe arbeitsfähig sein soll. Somit erhält man für die Saughöhe folgende Bedingung:

$$H_s < A - h_t - h_{ws} - \frac{c_0^2}{2\,g}.$$

Diese Gleichung zeigt, von welchen Faktoren die Größe der Saughöhe abhängig ist. Über A und h_t siehe bei den Kolbenpumpen Seite 14. $h_{ws} = \Sigma\,\zeta_s\,\dfrac{c_s^2}{2\,g}$; über die Summe der Widerstandszahlen $\Sigma\,\zeta_s$ siehe Beispiel bei den Kolbenpumpen Seite 15. Die axiale Geschwindigkeit c_0 wählt man zu 2—$3\ \dfrac{m}{sk}$, je größer dieselbe gewählt wird, um so kleiner wird H_s.

Man kann bei Kreiselpumpen $H_{s\,max} = 8$ m erreichen, da hier die Verhältnisse günstiger als bei den Kolbenpumpen liegen. Praktisch wählt man die Saughöhe meist zu $H_s = 6$—7 m und geht bei kleinen Leistungen auf $H_s = 4$—5 m herab.

Das Saugrohr und die Saugstopfbüchse müssen dicht sein, das erstere muß zur Pumpe stetig ansteigen, damit sich keine Luftsäcke bilden können.

c) Bewegungs- und Geschwindigkeitsverhältnisse des Wassers im Laufrad.

Das Laufrad (Abb. 107) habe radial gerichtete Schaufeln und befinde sich in Ruhe. Es ströme Wasser von innen nach außen, dann wird das Wasser das Laufrad in radialer Richtung durchfließen. Bezeichnet w_1 die Wassergeschwindigkeit, F_1 den Querschnitt eines Schaufelkanals beim Eintritt und w_2 bzw. F_2 diese Größen beim Austritt, dann ist: $F_1 w_1 = F_2 w_2$, da $F_2 > F_1$ ist, muß $w_2 < w_1$ sein.

Bei der Drehung des Laufrades mit der Umlaufszahl n treten am inneren und äußeren Umfang die Geschwindigkeiten

$$u_1 = \frac{2\,\pi\,r_1\,n}{60} \quad \text{und} \quad u_2 = \frac{2\,\pi\,r_2\,n}{60}$$

auf.

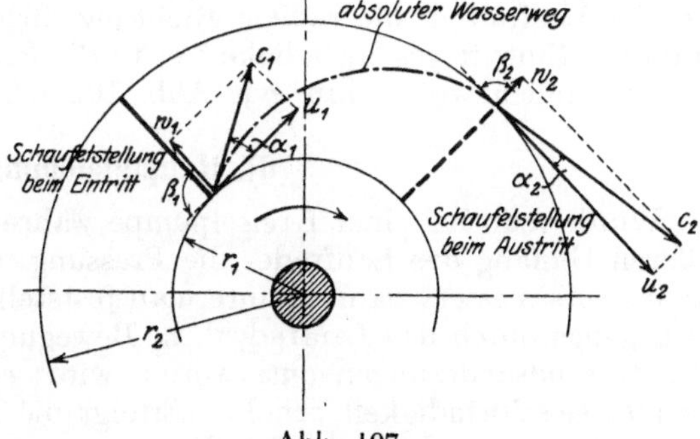

Abb. 107.

Soll das Wasser stoßfrei in den Schaufelkanal eintreten, dann muß dasselbe mit der Geschwindigkeit c_1 und unter dem Winkel a_1 in das Laufrad eintreten. c_1 und a_1 erhält man aus dem Geschwindigkeitsparallelogramm, in unserem Fall ein Rechteck. Man nennt c_1 die absolute Eintrittsgeschwindigkeit, das ist die Geschwindigkeit, mit welcher das Wasser tatsächlich einströmt und w_1 die relative Eintrittsgeschwindigkeit, welche nur in bezug auf das Laufrad auftritt.

Am äußeren Umfang liegen die Verhältnisse ähnlich. Aus der relativen Austrittsgeschwindigkeit w_2, wobei $w_2 = \dfrac{F_1}{F_2}\,w_1$ ist und der Umfangsgeschwindigkeit u_2 erhält man die absolute Austrittsgeschwindigkeit c_2 nach Größe und Richtung.

Das Wasser tritt also nicht mehr radial wie vorhin in das Gehäuse, sondern in schräger Richtung unter dem Winkel α_2.

In der Abb. 107 sind die augenblicklichen Stellungen einer Schaufel beim Ein- und Austritt eines bestimmten Wasserteilchens angegeben. Ebenso ist der absolute (tatsächliche) Weg eines Wasserteilchens gezeichnet. Der relative Weg desselben Wasserteilchens verläuft radial längs der Schaufelwand. Das Bewegen des Wasserteilchens auf dem relativen Weg kann nur von einer Person, welche sich auf dem drehenden Laufrad befindet, beobachtet werden.

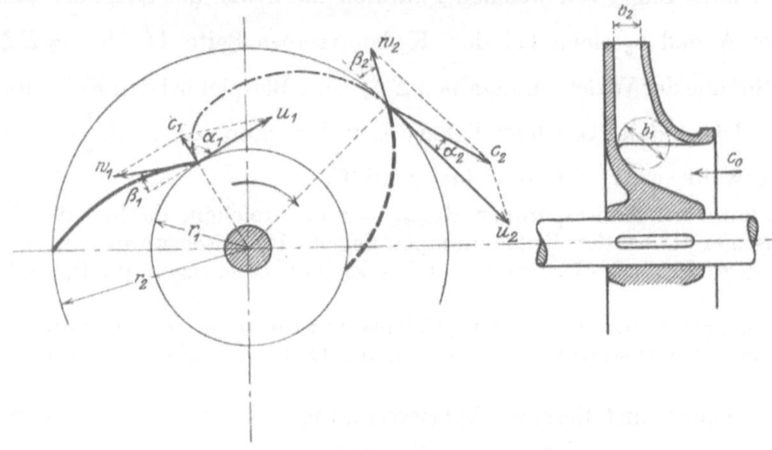

Abb. 108.

Meist werden die Schaufeln zurückgekrümmt ausgeführt und Winkel $\alpha_1 = 90^0$ gewählt (Abb. 108). Das aus dem Saugrohr axial ausströmende Wasser wird im Laufrad in die radiale Richtung abgelenkt und strömt dann mit der absoluten Eintrittsgeschwindigkeit c_1 in die Schaufelkammer. Der weitere Verlauf ist ähnlich wie vorhin, wie Abb. 108 zeigt.

d) Hauptgleichungen.

Würde man bei einer Kreiselpumpe während des Betriebes am inneren und äußeren Umfang des Laufrades die Pressung und die absolute Geschwindigkeit des Wassers messen, dann könnte man feststellen, daß das Wasser während des Durchgangs durch das Laufrad, d. h. Bewegung auf dem absoluten Wasserweg, zwei Zustandsänderungen unterworfen wird; es wird seine Pressung und seine absolute Geschwindigkeit erhöht. Erfolgt die Messung durch Röhrchen (Piezometer), dann wird die Höhe des Wasserstandes in den Röhrchen zeigen, daß am inneren Umfang ein Unterdruck und am äußeren Umfang ein Überdruck herrscht.

Das Förderwasser soll beim Eintritt in das Laufrad die Pressung h_1 m W.S. und die absolute Geschwindigkeit $c_1 \dfrac{m}{sk}$ und beim Austritt h_2 m W.S. bzw. $c_2 \dfrac{m}{sk}$ haben. Sieht man vorerst von den Verlusten, welche durch Reibung und Wirbelbildung entstehen, ab und bezeichnet $\mathfrak{H}$ in m W.S. die theoretische Förderhöhe, welche die verlustfrei arbeitende Pumpe überwinden kann, sowie $\mathfrak{H}_s$ und $\mathfrak{H}_d$ die entsprechende Saug- und Druckhöhe, dann ist:

$$h_1 = A - \mathfrak{H}_s - \frac{c_0^{\,2}}{2\,g}.$$

Da zwischen c_0 und c_1 nur ein kleiner Unterschied besteht, kann $c_1 = c_0$ gesetzt werden, somit:

$$h_1 = A - \mathfrak{H}_s - \frac{c_1{}^2}{2\,g} \quad \text{oder} \quad h_1 + \frac{c_1{}^2}{2\,g} = A - \mathfrak{H}_s.$$

Ebenso folgt:

$$h_2 = \mathfrak{H}_d + A - \frac{c_2{}^2}{2\,g} \quad \text{oder} \quad h_2 + \frac{c_2{}^2}{2\,g} = \mathfrak{H}_d + A.$$

Die in m W.S. ausgedrückte Arbeit, welche an das Wasser während seines Verweilens im Laufrade übertragen wird, beträgt demnach:

$$\left(h_2 + \frac{c_2{}^2}{2\,g}\right) - \left(h_1 + \frac{c_1{}^2}{2\,g}\right) = (\mathfrak{H}_d + A) - (A - \mathfrak{H}_s)$$

$$\text{oder} \quad \mathfrak{H}_s + \mathfrak{H}_d = \mathfrak{H} = \frac{c_2{}^2 - c_1{}^2}{2\,g} + h_2 - h_1.$$

Den Bruch $\dfrac{c_2{}^2 - c_1{}^2}{2\,g}$ nennt man die dynamische Druckhöhe, während man $h_2 - h_1$ mit statischer Druckhöhe oder Spaltüberdruck bezeichnet.

Allgemein gilt für die Zentrifugalkraft: $C = m\,r\,\omega^2$. Ein Wasserteilchen von der Masse m befinde sich im Abstand r von der Drehachse und lege infolge der Zentrifugalkraft den unendlich kleinen radial gerichteten Weg dr zurück, dann ist die an das Wasserteilchen übertragene Arbeit:

$$d\,A = C \cdot dr = m\,r\,\omega^2\,dr.$$

Die Arbeit, welche auf dem Weg $r_2 - r_1$ geleistet wird, erhält man durch Integration:

$$A = \int_{r_1}^{r_2} m\,r\,\omega^2\,dr = \left(m\,\frac{r^2}{2}\,\omega^2\right)_{r_1}^{r_2} = \frac{m}{2}\,(r_2{}^2\,\omega^2 - r_1{}^2\,\omega^2).$$

Nun ist: $u_1 = r_1\,\omega$ und $u_2 = r_2\,\omega$ und somit $A = \dfrac{m}{2}\,(u_2{}^2 - u_1{}^2)$ mkg. Wird diese Arbeit auf die Gewichtseinheit 1 kg bezogen, dann ist $m = \dfrac{1}{g}$ und somit die an 1 kg Wasser übertragene Arbeit $\dfrac{u_2{}^2 - u_1{}^2}{2\,g}$ in m W.S.

Würde das Laufrad (Abb. 107) bei der Wasserströmung von innen nach außen stillstehen, dann ist nach dem oben Erwähnten:

$$h_2 + \frac{w_2{}^2}{2\,g} = h_1 + \frac{w_1{}^2}{2\,g}.$$

Bei der Drehung des Laufrades kommt aber die Wirkung der Zentrifugalkraft in Betracht und man erhält:

$$h_2 + \frac{w_2{}^2}{2\,g} = h_1 + \frac{w_1{}^2}{2\,g} + \frac{u_2{}^2 - u_1{}^2}{2\,g}.$$

Hieraus folgt die Größe des Spaltüberdruckes:

$$h_2 - h_1 = \frac{u_2{}^2 - u_1{}^2}{2\,g} + \frac{w_1{}^2 - w_2{}^2}{2\,g}.$$

Diesen Wert in die Gleichung für die theoretische Förderhöhe eingesetzt, ergibt die Hauptgleichung:

$$\mathfrak{H} = \frac{c_2{}^2 - c_1{}^2}{2\,g} + \frac{u_2{}^2 - u_1{}^2}{2\,g} + \frac{w_1{}^2 - w_2{}^2}{2\,g}.$$

Bezeichnet H_{man} die **manometrische** Druckhöhe, welche man am Saugstutzen und am Druckstutzen mit Manometern messen kann, dann ist der **hydraulische** Wirkungsgrad der Kreiselpumpe:

$$\eta_h = \frac{H_{man}}{\mathfrak{H}}.$$

Derselbe gibt Aufschluß über die Verluste innerhalb der Pumpe, welche durch Reibung des Wassers an den Schaufel- und Gehäusewänden, durch innere Reibung des Wassers bei der Umsetzung der Geschwindigkeit in Druck in den Leitkanälen und durch Wirbelbildung hervorgerufen werden. Bei ausgeführten Kreiselpumpen findet man $\eta_h = 0{,}5$ bis $0{,}8$, je nach Ausführung, ohne oder mit Leitrad, wobei die Stufenzahl eine Rolle spielt, wie schon erwähnt wurde.

Bezeichnet **H** die **geometrische** oder **hydrostatische** Förderhöhe, dann ist:

$$H_{man} = H + h_w + \frac{c_d{}^2}{2\,g}.$$

Hierbei bezeichnet $h_w = h_{ws} + h_{wd}$ die Summe der Widerstandshöhen des Saug- und Druckrohrs.

Beim Ablesen an den Manometern ist darauf zu achten, daß die Manometer Druckunterschiede gegen den Atmosphärendruck anzeigen.

Aus den Geschwindigkeitsparallelogrammen beim Ein- und Austritt (Abb. 108) erhält man nach dem Kosinussatz:

$$w_1{}^2 = u_1{}^2 + c_1{}^2 - 2\,u_1\,c_1\,\cos\,\alpha_1$$
$$w_2{}^2 = u_2{}^2 + c_2{}^2 - 2\,u_2\,c_2\,\cos\,\alpha_2.$$

Diese Werte in die Hauptgleichung eingesetzt, ergibt:

$$\mathfrak{H} = \frac{u_2\,c_2\,\cos\,\alpha_2 - u_1\,c_1\,\cos\,\alpha_1}{g}.$$

Wird Winkel $\alpha_1 = 90^0$ gewählt und $\mathfrak{H} = \dfrac{H_{man}}{\eta_h}$ eingesetzt, dann erhält man:

$$g\,\frac{H_{man}}{\eta_h} = u_2\,c_2\,\cos\,\alpha_2.$$

e) Winkelgrößen der Laufradschaufeln.

Die Schaufelform am **inneren** Umfang wird meist so gewählt, daß das Wasser radial in das Laufrad eintritt, wie schon erwähnt wurde. Da $\sphericalangle\,\alpha_1 = 90^0$ wird, erhält man $\operatorname{tg}\beta_1 = \dfrac{c_1}{u_1}.$

Um eine zweckmäßige Schaufelform am **äußeren** Umfang wählen zu können, ist es notwendig, den Einfluß des Schaufelwinkels β_2 auf die Förderhöhe und auf die Verteilung der statischen und dynamischen Druckhöhe zu wissen. Damit dieser Einfluß deutlich zum Vorschein kommt, seien die Radbreiten b_1 und b_2 so gewählt, daß $c_1 = c_2 \sin \alpha_2 = c_r$ wird und seien Q sowie n als unveränderlich vorausgesetzt, während der Winkel β_2 geändert wird.

Abb. 109 zeigt drei charakteristische Schaufelformen.

Schaufelform I: Der Winkel $\beta_2{}'$ ist so gewählt, daß c_2 radial gerichtet ist, d. h. $\sphericalangle\,\alpha_2 = 90^0$, demnach wird nach der oben gewählten Bedingung $c_2 = c_r = c_1$. Aus der Gleichung $\mathfrak{H} = \dfrac{u_2\,c_2\,\cos\,\alpha_2}{g}$ folgt, da $\cos\,90^0 = 0$ ist, $\mathfrak{H} = 0$. Es findet also keine Zustandsänderung des Förderwassers statt. Die durch

Drehung des Laufrades erzeugte Arbeit dient nur zur Erhöhung der Relativ-geschwindigkeit. Man nennt die Form I neutrale Schaufel.

Schaufelform II: Die Schaufel endigt radial, d. h. $\sphericalangle \beta_2 = 90^0$. Aus dem Parallelogramm bzw. Dreieck der Geschwindigkeiten (Abb. 110) folgt: $c_2 \cos \alpha_2 = u_2$, somit $\mathfrak{H} = \dfrac{u_2{}^2}{g}$, ebenso $c_2{}^2 - c_1{}^2 = u_2{}^2$, demnach die dynamische Druckhöhe

$$\frac{c_2{}^2 - c_1{}^2}{2\,g} = \frac{v_2{}^2}{2\,g} = \frac{\mathfrak{H}}{2}.$$

Bei der radial endigenden Schaufel ist also die dynamische Druckhöhe gleich der statischen Druckhöhe.

Schaufelform III: Die Schaufel ist soweit nach vorwärts gekrümmt, daß der Schaufel-winkel gleich $180^0 - \beta_2'$ wird, dann folgt aus Abb. 110 $c_2 \cos \alpha_2 = 2\,u_2$ und somit

$$\mathfrak{H} = \frac{2\,u_2{}^2}{g},$$

also doppelt so groß wie bei der Schaufelform II. Ferner folgt aus der Abb. 110 $c_2{}^2 - c_r{}^2 = (2\,u_2)^2$, da $c_1 = c_r$, folgt:

$$c_2{}^2 - c_1{}^2 = 4\,u_2{}^2$$

und damit die dynamische Druckhöhe

$$\frac{c_2{}^2 - c_1{}^2}{2\,g} = \frac{4\,u_2{}^2}{2\,g} = \frac{2\,u_2{}^2}{g} = \mathfrak{H}.$$

Die statische Druckhöhe ist also null.

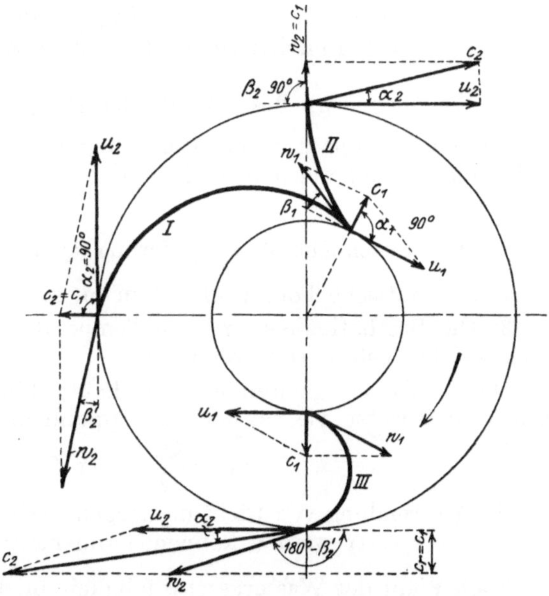

Die drei betrachteten Schaufelformen zeigen, daß mit einer bestimmten Umfangsgeschwindigkeit u_2 die theoretische Förderhöhe und die dynamische

Abb. 109.

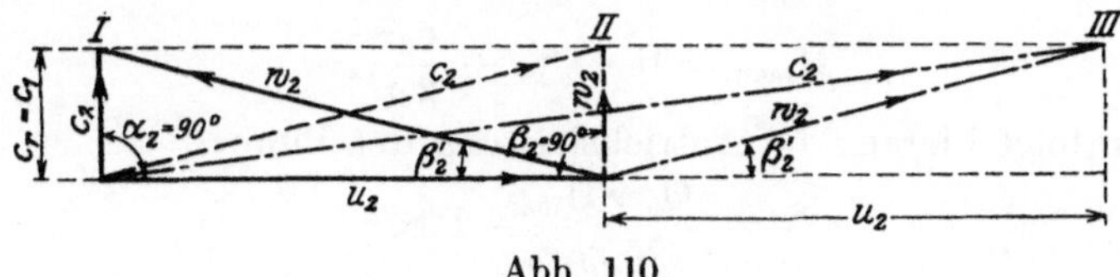

Abb. 110.

Druckhöhe am größten bei vorwärts gekrümmten und am kleinsten bei rückwärts gekrümmten Schaufeln wird. Die Umsetzung der absoluten Austrittsgeschwindig-keit c_2 in Druck im Leitrad erfolgt stets mit Verlusten, welche durch Reibung, Stoßwirkung und Wirbelbildung entstehen. Diese Verluste werden um so größer, je größer c_2 wird. Deshalb verwendet man die rückwärts gekrümmte Schaufel. Man findet bei Ausführungen $\sphericalangle \beta_2 = 60^0$ bis 20^0.

f) Winkelgrößen der Leitradschaufeln.

Um einen stoßfreien Eintritt des Wassers in das Leitrad zu erzielen, müssen die Schaufeln am inneren Umfang des Leitrades die Richtung der absoluten

Austrittsgeschwindigkeit c_2 haben, der Schaufelwinkel β_3 muß also gleich dem Winkel α_2 sein.

Hat das Leitradgehäuse eine runde Form, dann wählt man radialen Austritt des Wassers aus dem Leitrad, demnach Schaufelwinkel $\beta_4 = 90^0$. Diese Anordnung wird besonders bei mehrstufigen Hochdruckpumpen verwendet, da man wegen der günstigen Wasserführung eine gute Umsetzung der Geschwindigkeit in Druck erhält.

Bei spiralförmiger Gestalt des Leitradgehäuses wird der Austrittswinkel β_4 gegenüber dem Eintrittswinkel β_3 nicht wesentlich geändert.

g) Bestimmung der Hauptabmessungen.

Soll eine Pumpe in ihren Abmessungen bestimmt werden, dann müssen die Verhältnisse, unter welchen die Pumpe zu arbeiten hat, bekannt sein. Gegeben sind stets:

1. Die tatsächliche Wasserlieferung Q_e in $\dfrac{cbm}{sk}$.

2. Die statische Förderhöhe H in m, sowie die Längen der Rohrleitungen.

3. Die Beschaffenheit und die Temperatur des Wassers (bzw. der Flüssigkeit), welches gefördert werden soll.

Durch Undichtigkeiten an den Laufradübergängen entstehen Lieferungsverluste und es ist wie bei den Kolbenpumpen der Lieferungsgrad:

$$\eta_l = \frac{Q_e}{Q}, \text{ oder } Q = \frac{Q_e}{\eta_l}.$$

Bei Verwendung von Dichtungsringen, welche nach eintretendem Verschleiß durch neue ersetzt werden können, kann man: $\eta_l = 0{,}90$ bis $0{,}98$ setzen.

Nach Wahl der Wassergeschwindigkeit in den Rohrleitungen zu 2 bis 3 $\dfrac{m}{sk}$ sind die Rohrquerschnitte festgelegt. Man kann nun $\Sigma\,h_w$ der Widerstandshöhen bestimmen, hierbei sind Saugkorb, Fußventil, Absperrschieber, Rückschlagklappe und etwaige Rohrkrümmer, welche möglichst zu vermeiden sind, zu berücksichtigen. Mit diesen Werten erhält man die manometrische Förderhöhe in m W.S.

$$H_{man} = H + h_w + \frac{c_d{}^2}{2\,g}.$$

Fernerhin folgt hieraus die Antriebsleistung der Pumpe:

$$N = \frac{Q_e\,\gamma\,H_{man}}{75\,\eta_l\,\eta_h}\ \text{P.S.}$$

Beim Drehen der Laufradwelle entstehen in den Lagern und in den Stopfbüchsen Reibungswiderstände, welche noch durch Einsetzen des mechanischen Wirkungsgrades η_m berücksichtigt werden müssen und man erhält die tatsächliche Antriebsleistung der Pumpe oder die Leistung an der Kupplung (bzw. Riemenscheibe)

$$N_k = \frac{Q_e\,\gamma\,H_{man}}{75\,\eta_l\,\eta_h\,\eta_m}.$$

Setzt man den Gesamtwirkungsgrad der Pumpe $\eta = \eta_l\,\eta_h\,\eta_m$ ein, dann folgt:

$$N_k = \frac{Q_e\,\gamma\,H_{man}}{75\,\eta}\ \text{P.S.}$$

Bei Ausführungen findet man $\eta = 0{,}6$ bis $0{,}75$.

Bezeichnet $N_n = \dfrac{Q_e \, \gamma \, H_{man}}{75}$ die Nutzleistung, dann erhält man:

$$\eta = \frac{N_n}{N_k}.$$

Bei gegebenem H_{man} ist η um so größer, je größer Q ist. Wählt man den unmittelbaren Antrieb der Kreiselpumpe durch eine raschlaufende Kraftmaschine (Elektromotor, Dampfturbine), dann richtet sich die Umlaufszahl nach der gewählten Kraftmaschine. Nach Abb. 108 erhält man bei einseitigem Einlauf für den Eintritt des Wassers in das Laufrad $Q = \pi \, (r_0^2 - r_n^2) \, c_0$. Wie früher schon angegeben wurde, wählt man $c_0 = 2$ bis $3 \, \dfrac{m}{sk}$, r_n ist durch die Stärke der Nabe gegeben, man rechnet hierbei den Durchmesser der Welle vorläufig nach der Gleichung $d = \sqrt[3]{\dfrac{5 \cdot 71620}{k_d} \dfrac{N}{n}}$. (Weiteres siehe S. 76.) Aus der obigen Gleichung kann man dann r_0 berechnen. Meist wird $r_1 = r_0$ oder nur ein wenig größer gewählt. Damit erhält man: $u_1 = \dfrac{2 \pi \, r_1 \, n}{60}$ und aus der Gleichung $\operatorname{tg} \beta_1 = \dfrac{c_1}{u_1}$ den Schaufelwinkel am inneren Umfang des Laufrades, hierbei wird meist $c_1 \sim c_0$ gesetzt.

Fernerhin erhält man die lichte Radbreite b_1 beim Eintritt aus der Gleichung:

$$Q = 2 \pi \, r_1 \, b_1 \, c_1 \quad \text{oder} \quad b_1 = \frac{Q}{2 \pi \, r_1 \, c_1},$$

wenn man die Verengung des Eintrittsquerschnittes durch die Schaufeln vernachlässigt, dies ist infolge der zugespitzten Enden der Schaufeln ohne weiteres zulässig. Damit sind die Abmessungen des Laufrades beim Eintritt festgelegt und es sind jetzt noch diejenigen beim Austritt zu ermitteln.

Erfahrungsgemäß wählt man bei Niederdruckpumpen $r_2 = 1,5$ bis $2 \, r_1$ und bei Hochdruckpumpen $r_2 = 2$ bis $3 \, r_1$. Hieraus folgt $u_2 = \dfrac{2 \pi \, r_2 \, n}{60} \dfrac{m}{sk}$. Alsdann wählt man den Schaufelwinkel $\beta_2 = 60^0 \div 20^0$ und den Winkel $\alpha_2 = 10^0$ bis 15^0. Nach Wahl dieser beiden Winkel kann man das Geschwindigkeitsdreieck aufzeichnen und die Geschwindigkeit c_2 ablesen. Aus der Gleichung

$$\frac{g \, H_{man}}{\eta_h} = u_2 \, c_2 \cos \alpha_2$$

folgt dann die manometrische Förderhöhe des Rades. Wird eine andere Förderhöhe gewünscht, dann sind die gewählten Werte entsprechend abzuändern. Aus der Gleichung $Q = 2 \pi \, r_2 \, b_2 \, c_2 \sin \alpha_2$ kann man nun die Radbreite b_2 berechnen, wobei wiederum wie oben die Verengung durch die Schaufeln vernachlässigt werden soll.

Die Schaufelzahl wählt man beim Laufrad meist zu 6—12.

Beispiel: Für $Q = 2250 \, \dfrac{l}{min}$ und $H_{man} = 160$ m soll eine Kreiselpumpe berechnet werden. Am Aufstellungsort steht Drehstrom zur Verfügung.

Der Gesamtwirkungsgrad der Pumpe werde $\eta = 0,65$ gewählt, dann beträgt die Antriebsleistung an der Kupplung:

$$N_k = \frac{Q_e \, \gamma \, H_{man}}{75 \cdot \eta} = \frac{2,25 \cdot 1000 \cdot 160}{60 \cdot 75 \cdot 0,65} = 123 \text{ P.S.}$$

Man wählt einen Drehstrommotor $N = 125$ **P.S.**, $n = 1450/\text{min}$. Die Welle berechnet sich aus: $d = \sqrt[3]{\dfrac{5 \cdot 71620}{k_d} \dfrac{N}{n}}$, setzt man für Nickelstahl $k_d = 200\ \dfrac{\text{kg}}{\text{qcm}}$, dann folgt: $d = \sqrt[3]{\dfrac{5 \cdot 71620 \cdot 125}{200 \cdot 1450}} = \sqrt[3]{154} = 5,4$ cm, gewählt $d = 55$ **mm** und somit $2\,r_n = 55 + 25 = 80$ **mm**.

Es ist $\eta_1 = \dfrac{Q_e}{Q}$ und $Q = \dfrac{Q_e}{\eta_1} = \dfrac{2,25}{60 \cdot 0,96} = 0,039\ \dfrac{\text{cbm}}{\text{sk}}$ und $Q = \pi\,(r_0{}^2 - r_n{}^2)\,c_0$,

$c_0 = 3\ \dfrac{\text{m}}{\text{sk}}$, $0,039 = \pi\,(r_0{}^2 - 0,04^2)\,3$. Hieraus $r_0 = 0,076$ m; gewählt

$$2\,r_1 = 2\,r_0 = 150\ \textbf{mm}.$$

Somit wird $u_1 = \dfrac{2\,\pi\,r_1\,n}{60} = \dfrac{2 \cdot \pi \cdot 0,15 \cdot 1450}{2 \cdot 60} = 11,4\ \dfrac{\text{m}}{\text{sk}}$ und

$$\operatorname{tg}\beta_1 = \frac{c_1}{u_1} = \frac{3}{11,4} = 0,263;\quad \boldsymbol{\beta_1 = 14^0\,45'}.$$

Außerdem ist: $Q = 2\,\pi\,r_1\,b_1\,c_1$, $b_1 = \dfrac{Q}{2\,\pi\,r_1\,c_1} = \dfrac{0,039}{2 \cdot \pi \cdot 0,075 \cdot 3}$

$$b_1 = 0,028\ \text{m}.$$

Wählt man $r_2 = 155$ mm, dann wird $u_2 = \dfrac{2 \cdot \pi \cdot 0,155 \cdot 1450}{60} = 23,5\ \dfrac{\text{m}}{\text{sk}}$.

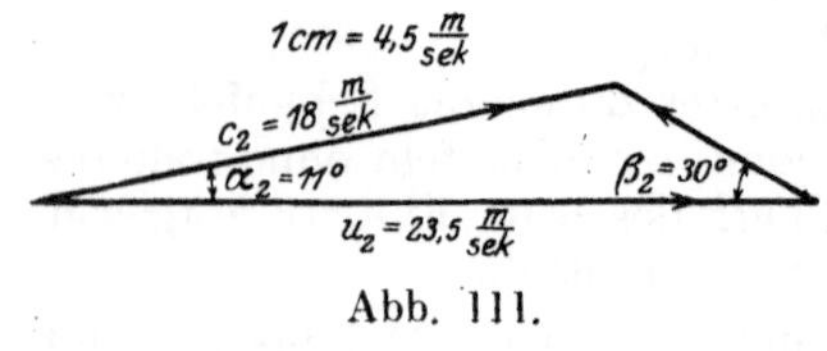

Abb. 111.

Ferner seien $\alpha_2 = 11^0$ und $\beta_2 = 30^0$ gewählt, dann erhält man aus dem Geschwindigkeitsdreieck (Abb. 111) $c_2 = 18\ \dfrac{\text{m}}{\text{sk}}$ und damit für ein Laufrad:

$$H_{\text{man}} = \frac{23,5 \cdot 18 \cdot 0,982 \cdot 0,76}{9,81} = 32\ \text{m}.$$

Um die gegebene Höhe zu überwinden, sind demnach **5 Laufräder** notwendig.

Aus der Gleichung $b_2 = \dfrac{Q}{2\,\pi\,r_2\,c_2\,\sin\alpha_2} = \dfrac{0,039}{2\,\pi \cdot 0,155 \cdot 18 \cdot 0,191} = 0,0116$ m erhält man $b_2 = 12$ **mm**.

Nachrechnung der Welle (siehe S. 76). Es sei die Lagerentfernung l m, das Gewicht der Welle 18 kg und das Gewicht der 5 Laufräder 45 kg. Außerdem sei gleichmäßig verteilte Belastung angenommen, dann ist die Durchbiegung:

$$f = \frac{k\,5\,l^3}{E.\,J.\,384}\ \text{oder für } f = 1\ \text{cm},\ E = 2\,200\,000\ \frac{\text{kg}}{\text{qcm}}\ \text{(Stahl)},\quad J = 44,92\ \text{cm}^4,$$

$$k = \frac{1 \cdot 2\,200\,000 \cdot 44,92 \cdot 384}{5 \cdot 100^3} = 7600\ \text{kg}.$$

Mit diesen Werten erhält man die kritische Umlaufszahl:

$$n_k = 300\ \sqrt{\frac{k}{G}} = 300\ \sqrt{\frac{7600}{63}} = \mathbf{3285/min}.$$

Die normale Umlaufszahl $n = 1450/\text{min}$ liegt demnach weit unter n_k.

Soll die Pumpe nur **4 Stufen** enthalten, dann muß man r_2 größer wählen, z. B. $r_2 = 175$ mm, dann folgt $u_2 = 26,6\,\dfrac{\text{m}}{\text{sk}}$ und nach Wahl von $\alpha_2 = 11^0$ und

$\beta_2 = 30^0$ aus dem Geschwindigkeitsdreieck $c_2 = 19,8\ \dfrac{\mathrm{m}}{\mathrm{sk}}$. Mit diesen Werten erhält man dann: $H_{man} = 40$ m für ein Laufrad.

h) Abhängigkeit der Fördermenge, Druckhöhe und Umlaufszahl voneinander. Kennlinien.

Wie im vorhergehenden Abschnitt gezeigt wurde, werden die Abmessungen einer Pumpe für bestimmte Werte von Q, H_{man} und n ermittelt. Im Betrieb soll die Pumpe bei diesen Werten mit dem günstigsten Wirkungsgrad arbeiten. Jedoch wird es sicher vorkommen, daß der eine oder der andere dieser Werte sich ändert. Dadurch wird auch eine Änderung der anderen Werte hervorgerufen, da diese Werte bei einer und derselben Pumpe voneinander abhängen. Die Art der gegenseitigen Abhängigkeit soll im folgenden bei Pumpen mit rückwärts gekrümmten Schaufeln näher beschrieben werden.

Nimmt bei unveränderlicher Umlaufszahl n die Wassermenge Q ab, dann nimmt auch die relative Austrittsgeschwindigkeit w_2 ab (Abb. 112), wenn man voraussetzt, daß die Schaufelkanäle auch nach Abnahme von Q vollständig

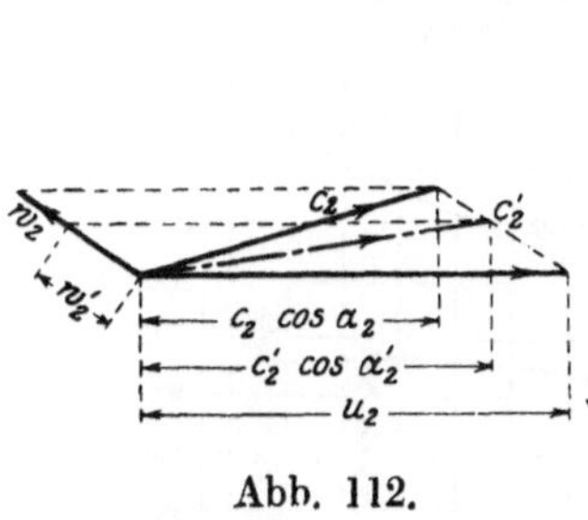

Abb. 112.

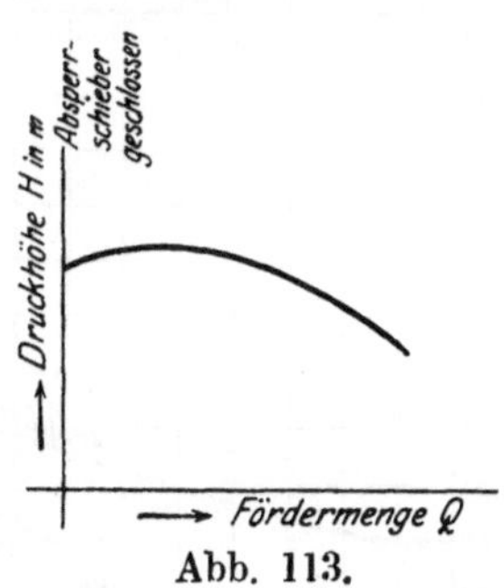

Abb. 113.

mit Wasser gefüllt sein sollen. Durch die Abnahme von w_2 wird $c_2 \cos \alpha_2$ größer Abb. 112). Nach der Hauptgleichung $u_2\, c_2 \cos \alpha_2 = \dfrac{g\,H_{man}}{\eta_h}$ wird somit auch H_{man} zunehmen, wobei man jedoch berücksichtigen muß, daß auch η_h sich ändert, weil die Strömungsverhältnisse des Wassers sich ebenfalls geändert haben.

Zeichnet man diesen Vorgang in einem rechtwinkligen Achsenkreuz auf, und zwar die verschiedenen Werte von Q als Abszissen und die dazu gehörigen Werte von H_{man} als Ordinaten, dann erhält man das **Q H-Diagramm.** (Abb. 113.)

Dasselbe bestimmt man zweckmäßig durch Versuche an der betreffenden Pumpe auf dem Prüfstand, indem man die Wassermenge Q am Ausguß mißt und die manometrische Förderhöhe an den Manometern abliest.

Beim Anspringen der Pumpe bleibt der Absperrschieber so lange geschlossen, bis eine gewisse Drucksteigerung stattgefunden und die Pumpe die bestimmte Umlaufszahl n hat. Während dieser Zeit findet keine Wasserförderung statt $(Q = 0)$. Dann wird der Absperrschieber allmählich geöffnet, so daß nun eine Wasserförderung stattfindet. Hierbei zeigt es sich, daß H_{man} zuerst bis zu einem bestimmten Wert größer wird und dann um so mehr abnimmt, je größer Q wird, da bei großem Q mehr Druck in der Pumpe verloren geht.

Bei dem Versuch auf dem Prüfstand mißt man außerdem die tatsächliche Antriebsleistung N_k der Pumpe und die Umlaufszahl n, um ein vollständiges

Urteil über die betreffende Pumpe zu erhalten. Alsdann berechnet man den Gesamtwirkungsgrad η aus der Gleichung $\eta = \dfrac{Q_e\,\gamma\,H_{man}}{75\,N_k}$ und trägt die Werte von N_k und η als Ordinaten in demselben rechtwinkligen Achsenkreuz auf. Die entstehenden Diagramme nennt man Kennlinien (in Abhängigkeit von Q), da sie ein Urteil über die Verwendungsmöglichkeit der untersuchten Pumpe geben. Abb. 114 zeigt die Kennlinien einer Hochdruckkreiselpumpe von C. H. Jäger & Co. (Zeitschr. d. V. d. I. 1913, S. 1006).

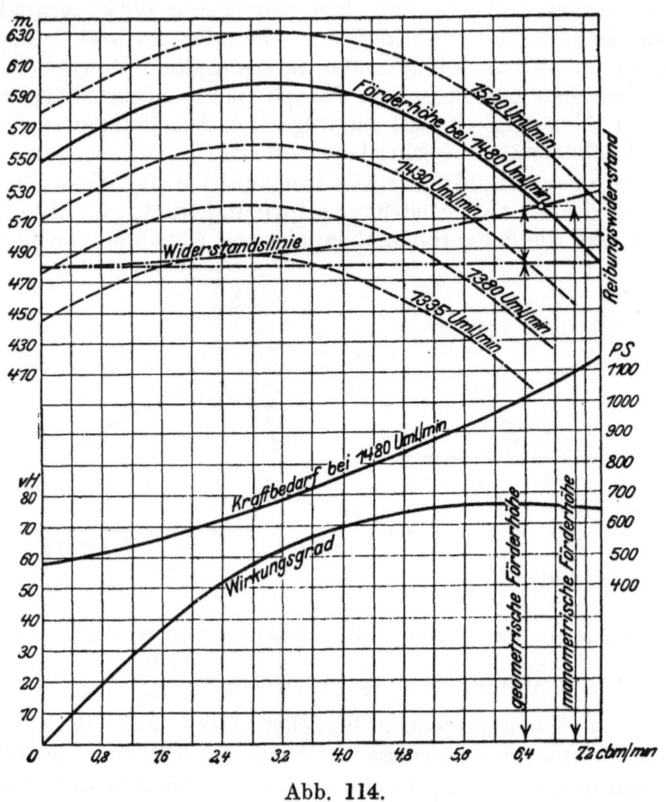

Abb. 114.

Bei Änderung der Umlaufszahl n ändern sich auch die Geschwindigkeiten u, c, w. Wächst die Relativgeschwindigkeit w, dann wird auch die Wassermenge Q größer, demnach ändern sich die Wassermengen Q im einfachen Verhältnis von n. Die manometrische Förderhöhe ändert sich aber mit dem Quadrat der Umlaufszahl, da H_{man} nach der Hauptgleichung mit dem Quadrat der Geschwindigkeiten sich ändert. Aus den Änderungsarten von Q und H_{man} folgt, daß die Arbeitsleistung N_k sich mit der dritten Potenz vom n ändert. In Wirklichkeit werden die Änderungen der einzelnen Werte etwas anders verlaufen, deshalb bestimmt man zweckmäßig die Werte von Q, H_{man}, N_k bei Veränderung von n auf dem Prüfstand. Trägt man die erhaltenen Werte in einem rechtwinkeligen Achsenkreuz auf, und zwar Q, H_{man}, N_k und η als Ordinaten und n als Abszissen, so erhält man die Kennlinien in Abhängigkeit von der Umlaufszahl. (Abb. 115, Zeitschr. V. d. I. 1913, S. 1006.)

Ist bei der Änderung der Umlaufszahl n die Förderhöhe unveränderlich, dann stehen Q und n nicht mehr im einfachen Verhältnis zueinander, sondern Q ändert sich dann viel stärker als n.   (Abb. 116, Zeitschr. V. d. I. 1909, S. 7.)

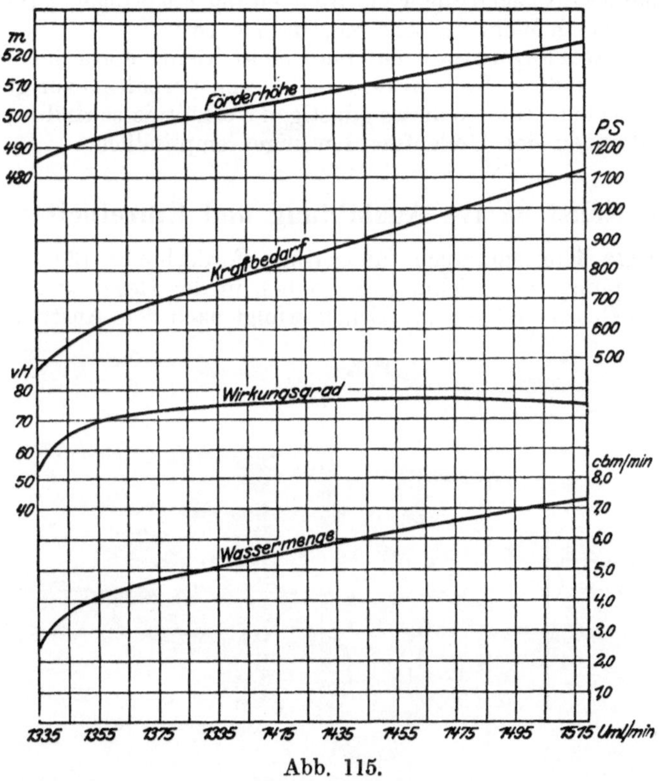

Abb. 115.

Trägt man in das Q H-Diagramm die Druckhöhe, welche die Pumpe überwinden muß, ein, dann erhält man den Arbeitspunkt der Pumpe als Schnittpunkt beider Kurven.   Hierbei richtet sich das Verhalten der Pumpe nach der Art der zu überwindenden Druckhöhe, ob es eine statische ist, welche bei jeder Fördermenge dieselbe bleibt, oder eine überwiegend hydraulische, welche mit wachsender Fördermenge zunimmt.

Hat die Pumpe hauptsächlich eine statische Druckhöhe zu überwinden, wie es bei Wasserhaltungen durchweg der Fall ist, dann wird bei einem Sinken der Umlaufszahl n sehr bald der Zustand erreicht, daß die Kurven der

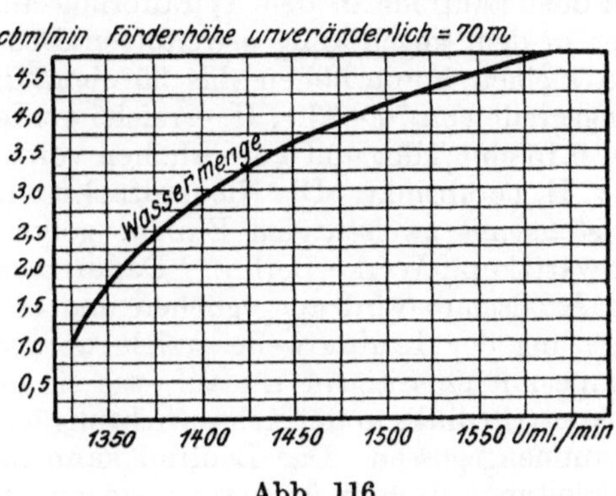

Abb. 116.

erzeugten und der zu überwindenden Druckhöhen sich berühren, also gerade Gleichgewicht herrscht (Abb. 114).   Sinkt die Umlaufszahl noch weiter (1335/min), dann schlägt das Rückschlagventil zu und die Förderung hört auf.   Die Pumpe arbeitet dann im toten Wasser, ein Zustand, der infolge der starken Erwärmung nicht lange dauern darf. Die Abb. 114 zeigt, daß eine Wasserhaltungspumpe stets hinter dem Scheitel der Q H-Kurve arbeiten soll, damit sie mit normaler Umlaufszahl gegen die volle Steigleitung anspringen kann und gegen Schwankungen von n nicht zu sehr empfindlich ist.

Bei Wasserwerkspumpen hat man meist kleine Förderhöhen und lange Rohrleitungen, so daß die Reibungswiderstände im Verhältnis zur geometrischen Förderhöhe groß sind. Infolge dieses günstigen Verhältnisses sind solche Pumpen gegen Schwankungen der Umlaufszahl weniger empfindlich.

3. Konstruktive Ausbildung und Einzelheiten.

a) **Einstufige Kreiselpumpen** für geringe Förderhöhen (20—30 m) werden als Niederdruckpumpen bezeichnet. Sie haben in der Regel kein Leitrad. Die Umsetzung von Geschwindigkeit in Druck erfolgt nach dem Austritt des Wassers

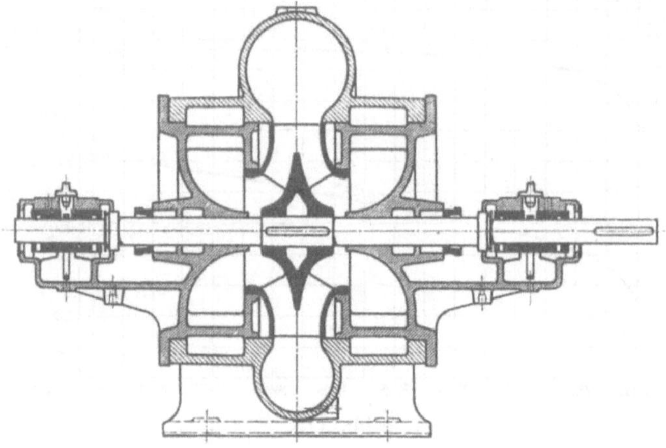

Abb. 117.

aus dem Laufrade in dem spiralförmig ausgebildeten Druckkanal des Gehäuses oder in dem kegelförmig erweiterten Druckstutzen. Bei großen Wassermengen und kleinen Förderhöhen (bis 35 cbm/Min. auf 10—15 m Höhe) können Wirkungsgrade von 70—73 v. H. erreicht werden, während bei kleinen Wassermengen von 0,15 cbm/Min. und Förderhöhen von über 30 m der Wirkungsgrad auf 35 bis 40 v. H. herabsinkt. Die Niederdruckpumpen werden für größere Wassermengen meistens mit zweiseitigem Einlauf gebaut (Abb. 117, Ausführung der Maffei-Schwartzkopff-Werke-Berlin). Dadurch wird der Laufraddurchmesser kleiner, der Axialschub wird ausgeglichen und es kann eine symmetrische beiderseitige Lagerung der Laufradwelle erzielt werden. Abb. 118 zeigt eine Niederdruckpumpe mit einseitigem Einlauf, wie sie die Firma Borsig-Berlin ausführt. Das Wasser tritt links in der Achsenrichtung ein. Der Saugstutzen ist mit dem Deckel zusammengegossen. Das Laufrad kann nach Entfernung des Deckels (und der Saugleitung) nach links herausgezogen werden. Das Gehäuse ist spiralförmig und trägt oben den kegelförmig erweiterten Druckstutzen. Die Welle ist nur rechts gelagert, und zwar unmittelbar neben dem Laufrade in einem vom Wasser umspülten Pockholzlager und außerhalb noch einmal in einem Ringschmierlager. Der axiale Druck wird durch Löcher im Laufradboden und Abdichtung mittels bronzener Schleifringe aufgehoben (s. später unter Axialdruck). Bei sandhaltigem Wasser tritt ein vorzeitiger Verschleiß des Pockholzlagers ein.

Durch zwei oder mehrere parallel geschaltete Laufräder können bei gemeinsamem Saugrohr und Druckrohr große Wassermengen bewältigt werden. Außerdem wird der Laufraddurchmesser kleiner als bei einfacher Anordnung, so daß diese

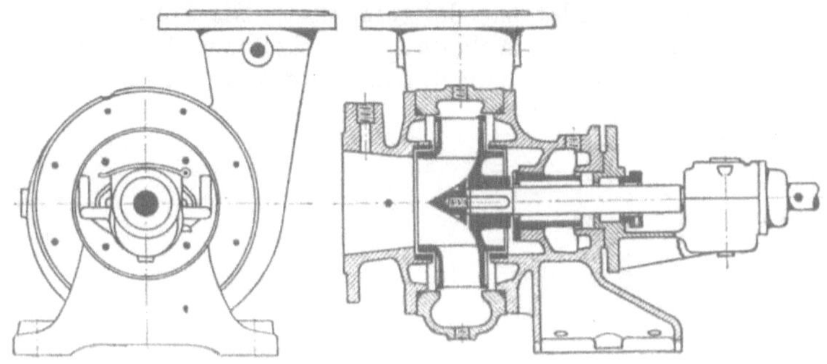

Abb. 118.

Pumpe sich auch für den Antrieb durch raschlaufende Elektromotoren oder Dampfturbinen eignet. In Abb. 119, einer Ausführung der Maffei-Schwartzkopff-Werke-Berlin, sind drei Laufräder mit beiderseitigem Einlauf parallel geschaltet.

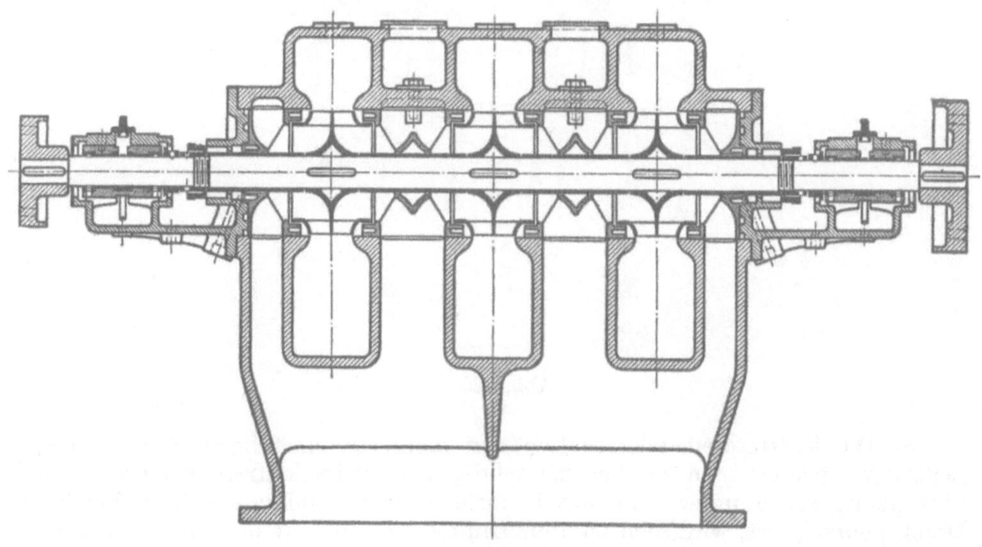

Abb. 119.

Bei größeren Druckhöhen von etwa 25 bis zu 100 m und mittleren und großen Fördermengen (0,5 bis 30 cbm/Min.) erhält die einstufige Pumpe ein Leitrad. Bei weniger als 15 m Förderhöhe ist mit Leitschaufeln kein besonderer Erfolg zu erzielen. Je größer die Druckhöhe wird, desto mehr steigt der Nutzeffekt der Pumpe bei Verwendung von Leitschaufeln. Durch Einbau von Leitschaufeln wird der Wirkungsgrad um etwa 5—10 v. H. erhöht. Je nach der Größe der Fördermenge und der Druckhöhe lassen sich durch einstufige Pumpen

mit Leiträdern Wirkungsgrade von 55—80 v. H. erreichen. Das Gehäuse ist
hier wie bei der Niederdruckpumpe meistens spiralförmig. Abb. 120 zeigt eine
einstufige Pumpe mit Leitschaufeln und beiderseitigem Einlauf. Die Pumpe
ist eine Wasserwerkspumpe mit Turbinenantrieb von 3000 Uml./Min., wie sie
von der Firma C. H. Jäger & Co.-Leipzig ausgeführt wird. Wegen der großen
zu bewältigenden Wassermenge und der hohen Umdrehungszahl der Dampfturbine sind hier zwei Laufräder parallel geschaltet. Die Leiträder, welche die
Laufräder umgeben, sind aus der Abbildung zu erkennen. Das Wasser in dem
für beide Pumpen gemeinsamen Saugstutzen wird durch eine Längsrippe in
die einzelnen Saugkanäle verteilt.

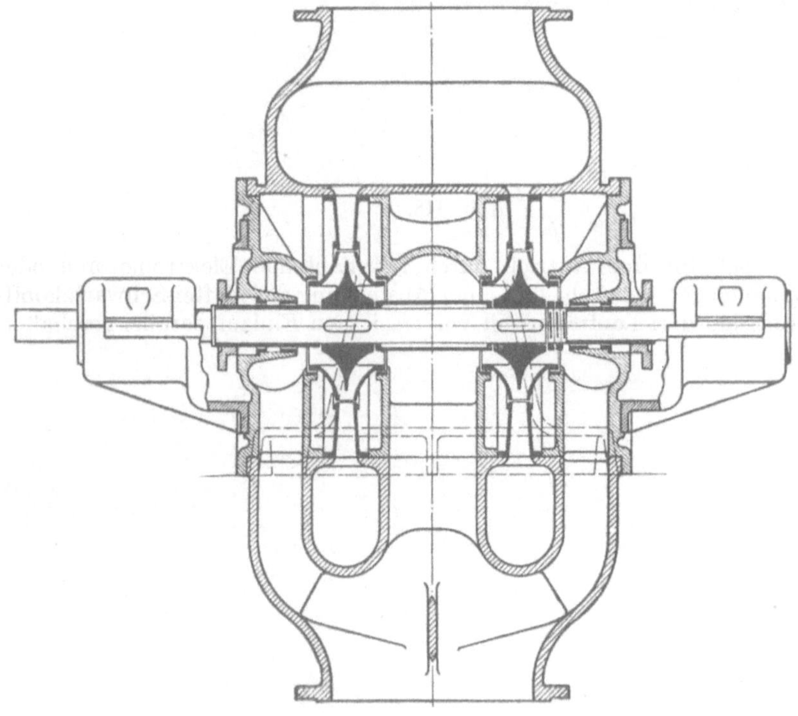

Abb. 120.

    b) Durch Hintereinanderschalten von mehreren einstufigen Pumpen mit
Leiträdern gelangt man zu den **mehrstufigen Hochdruck-Kreiselpumpen.** Die
Flüssigkeit, welche im ersten Laufrade auf den der Umlaufszahl entsprechenden
Druck gebracht ist, wird dem zweiten Laufrade zugedrückt und erhält in demselben die doppelte Pressung. Dies wiederholt sich in den folgenden Rädern,
so daß beim Verlassen des letzten Rades der Druck gleich dem vielfachen der
Anzahl der Räder ist. Der einzelnen Stufe gibt man mindestens 10 m und höchstens 70 m Förderhöhe. Die Fördermenge beträgt bei den Hochdruckpumpen
1—10 cbm/Min. In einem Pumpengehäuse nimmt man nicht gerne mehr als
6—7 Stufen an, weil sonst die Stützlänge der Welle zu groß wird. Bei sehr großen
Förderhöhen, welche mehr als 6—7 Stufen verlangen, verteilt man die Stufen
auf zwei hintereinandergeschaltete Pumpen, welche an beide Seiten des Antrieb-
motors angekuppelt und durch ein langes Druckrohr miteinander verbunden

werden (s. Abb. 121). Die Hochdruckpumpen haben nur einseitigen Einlauf. Sie werden ebenso wie die Niederdruck- und Mitteldruckpumpen in der Regel liegend gebaut. Nur für besondere Zwecke wählt man stehende Anordnung z. B. für die Niederdruckpumpe als Dock-Entleerungspumpe und Brunnenschachtpumpe, für die Hochdruckpumpe als Abteufpumpe (Senkpumpe) in Bergwerken. Es sind bis jetzt bereits Hochdruckpumpen bis zu 1200 m Förderhöhe gebaut worden. Der Wirkungsgrad der Hochdruckkreiselpumpen beträgt 68—80 v. H. Durch hohe Stufenzahl wird der Nutzeffekt der Pumpe gehoben, weil der Spaltdruck und infolgedessen der Spaltverlust bei vielen Stufen geringer wird. Außerdem wird der Durchmesser der Räder bei gleicher Umdrehungszahl geringer, so daß die Spaltflächen auch kleiner werden. Auch bei sandhaltigem Wasser (Grubenwässer) ist hohe Stufenzahl zu empfehlen, da die geringere Wassergeschwindigkeit keine so rasche Abnutzung der Schaufeln und Kanalwände hervorruft. Man verwendet mehrere Stufen daher auch wohl schon bei verhältnismäßig geringen Druckhöhen. Die einzelnen Lauf- und Leiträder werden

Abb. 121.

in ein langes zylindrisches Gehäuse eingeschoben, wie Abb. 122 zeigt, oder jede Stufe ist ein selbständiges Element, und die einzelnen Stufenelemente werden durch Längsanker zu einem Ganzen verbunden (s. Abb. 123, Ausführung der Firma C. H. Jäger-Leipzig).

c) **Die Laufräder** der einstufigen Pumpen werden meistens mit zweiseitigem Einlauf ausgeführt (s. Abb. 117 u. 119), während sie bei den mehrstufigen Pumpen nur einseitigen Eintritt erhalten (s. Abb. 123). Einstufige Pumpen mit nicht zu hohen Umdrehungszahlen erhalten gewöhnlich gußeiserne Lauf- und Leiträder. Die Schaufeln werden dann entweder mit den Rädern aus einem Stück gegossen oder sie werden aus Eisenblech gebogen und mit schwalbenschwanzförmigen verzinnten Eingußflächen eingegossen. Bei großen Umfangsgeschwindigkeiten und bei mehrstufigen Pumpen werden Lauf- und Leiträder aus zäher Bronze (Phosphorbronze) hergestellt. Die Schaufel- und Radflächen müssen möglichst glatt sein und werden nötigenfalls noch von Hand nachgearbeitet. Es ist eine möglichst vollkommene Gewichtsausgleichung der Räder anzustreben. Nach Festlegung der Winkel β_1 und β_2 (s. Abschn. II, 2. e) ist der Schaufel eine solche Form zu geben, daß eine allmähliche Überführung des Wassers von der Richtung beim Eintritt zur Richtung beim Austritt erfolgt. Die Kreisbogenform ist die einfachste. Mit anderen Formen, z. B. der Evolventenform, sind besondere Erfolge nicht erzielt worden. Die Schaufelenden müssen auf beiden Seiten zugeschärft

werden, um den Stoßverlust des Wassers zu verringern (s. Abb. 124). Die Schaufel-
stärke beträgt bei Gußeisen 4—10 mm, bei Bronze und Stahlguß 3—6 mm.
Die Anzahl der Schaufeln muß möglichst gering sein (6—10 bis höchstens 12,
je nach der Radgröße), um unnötige Reibungswiderstände zu vermeiden. Die
Schaufelzahl des Lauf- und Leitrades muß verschieden sein, um Wirbelbildungen

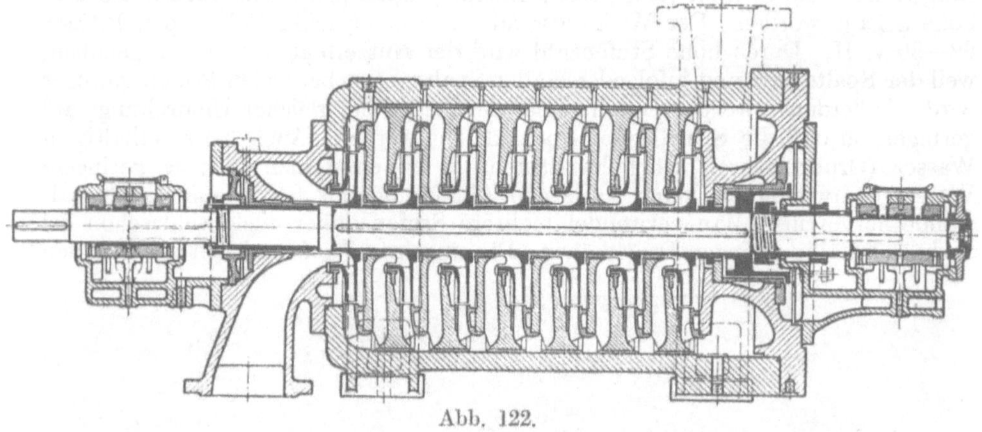

Abb. 122.

des Wassers zu vermeiden. Dadurch wird auch die Querschnittveränderung in
allen Leitkanälen nicht zu gleicher Zeit eintreten. Der Spalt s zwischen den
Laufrad- und Leitradschaufeln (Abb. 124) darf nicht zu klein genommen werden,

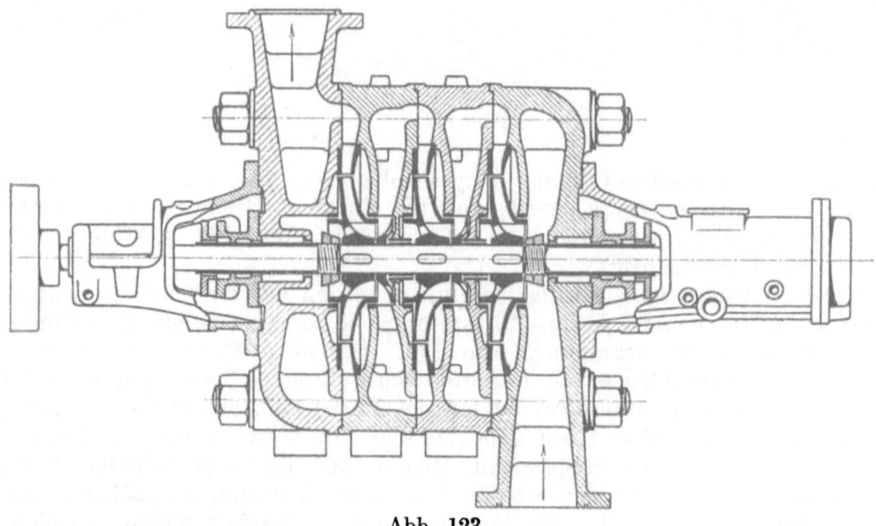

Abb. 123.

weil sonst durch Verunreinigungen im Wasser leicht eine Beschädigung der
Schaufeln eintreten kann. Den Leitschaufeln gibt man auch wohl eine Hohlform
wie Abb. 125 zeigt (s. auch Abschnitt 2 f). Die Leiträder werden in das Gehäuse
besonders eingesetzt und gegen Verdrehen gesichert. Man macht das Leitrad
zweckmäßig 1—2 mm breiter als das Laufrad, um einen Stoß des Wassers beim
Eintritt in das Laufrad zu vermeiden.

d) **Das Gehäuse** der Kreiselpumpe besteht in der Regel aus Gußeisen. Nur ganz ausnahmsweise verwendet man bei hohen Drücken Stahlguß. Bei Seewasser und sauren Flüssigkeiten wird oft Bronze genommen. Bei einstufigen Pumpen wird das Gehäuse gewöhnlich spiralförmig ausgeführt, indem der Querschnitt sich gleichmäßig bis auf den Druckrohrquerschnitt erweitert. Dadurch wird das Wasser in dem Kanal oder in dem kegelförmigen Druckstutzen bis zum Eintritt in das Druckrohr allmählich auf die Druckrohrgeschwindigkeit verlangsamt und die Geschwindigkeit in Druck umgesetzt. Bei mehrstufigen Hochdruckpumpen wird das Leitrad der letzten Stufe ebenfalls meistens mit einem spiralförmigen Gehäuse umgeben, während die Umführungskanäle in den einzelnen Stufen zylindrisch ausgeführt werden. Das Spiralgehäuse erhält runden oder rechteckigen Querschnitt. Bei rechteckigem Querschnitt von gleichbleibender

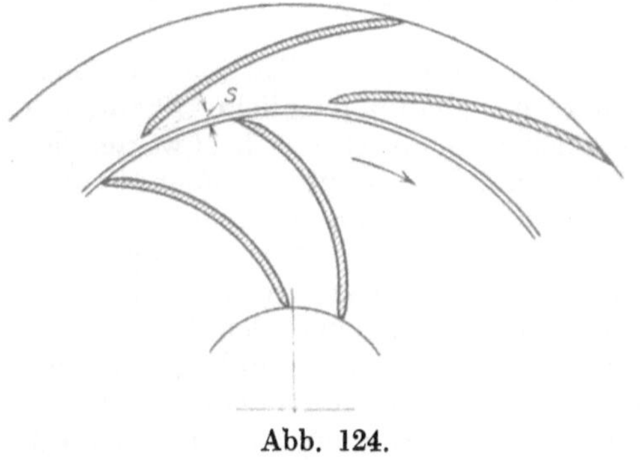

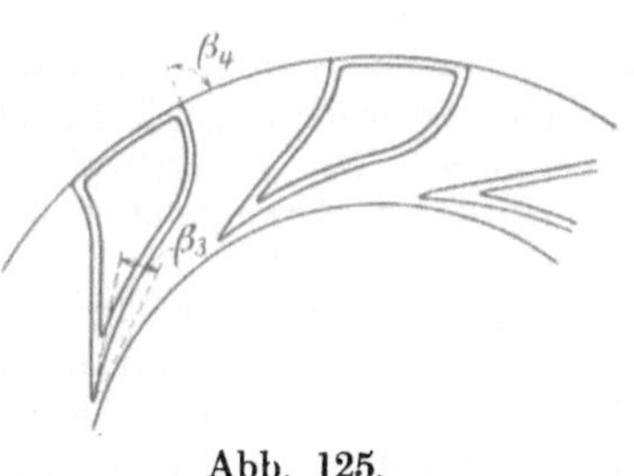

Abb. 124.Abb. 125.

Breite wird der Gehäusemantel als Evolvente ausgeführt. Für eine angenommene Breite B des Kanales wird A unter Zugrundelegung einer Druckrohrgeschwindigkeit von etwa 3 m/sk berechnet. Als Grundkreis für die Wälzungsgerade ist $d = \dfrac{A}{\pi}$ anzunehmen (s. Abb. 126). Bei nicht gleichbleibender Breite des Kanals und bei kreisförmigem Querschnitt muß dafür gesorgt werden, daß die in Abb. 126 eingeschriebenen Querschnitte $\frac{1}{4}$ A.B., $\frac{1}{2}$ A.B. usw. an den entsprechenden Punkten vorhanden sind.

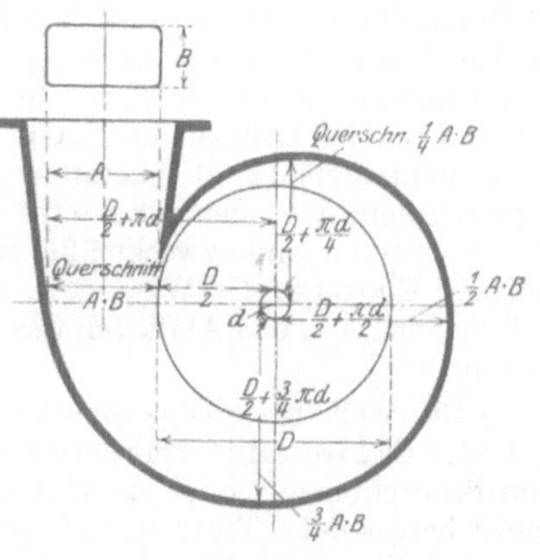

Das Gehäuse wird entweder wagerecht geteilt, so daß das Laufrad mit der Welle nach oben herausgenommen werden kann oder es wird ungeteilt ausgeführt. Im letzteren Falle erhält das Gehäuse beiderseitig tief eingreifende Deckel mit den Stopfbüchsen zum Durchtritt der Welle. An die Deckel werden die Konsolen für die Lager angeschraubt (s. Abb. 120).

Abb. 126.

Das Laufrad mit der Welle, und bei einstufigen Leitradpumpen auch das Leitrad können dann seitlich herausgezogen werden, ohne daß die Rohrleitungen gelöst zu werden brauchen. Große Niederdruckpumpen erhalten oft Mannlochdeckel am Gehäuseumfang, um das Innere leichter zugänglich zu machen. Eine Teilung in der senkrechten Mittelachse der Pumpe findet man nur noch vereinzelt bei kleineren Niederdruckpumpen.

Bei mehrstufigen Hochdruckpumpen wird entweder ein zylindrisches Gehäuse angenommen, in welches die Laufräder mit den Leit- und Umführungskanälen eingeschoben werden (s. frühere Abb. 122) oder jede Stufe ist ein selbständiges Stück, welches serienweise hergestellt wird. Diese einzelnen Stufenelemente werden dann hintereinander gereiht und durch kräftige Längsanker zusammengeschraubt. Dadurch ist es möglich, unabhängig von einem Gehäuse, beliebig viele Stufen aneinander zu fügen und selbst nachträglich die Stufenzahl durch Hinzufügen weiterer Elemente zu erhöhen (Wasserhaltungen), was bei einem zylindrischen Gehäuse ohne Erneuerung des Gehäuses nicht möglich wäre. Die einzelnen Stufenelemente lassen sich trotz Rost- und Steinansatz auch leichter auseinandernehmen (s. frühere Abb. 123). Die Abdichtung der einzelnen Elemente erfolgt durch Gummi in ringförmigen Keilnuten. Die beiden Endhauben, zwischen welchen die Stufenelemente liegen, enthalten den Saug- bzw. Druckanschlußstutzen.

Die Lager werden als Ringschmierlager mit langen Laufflächen aus Gußeisen mit Weißmetalleinlage ausgeführt. Die Lager erhalten reichliche Ölkammern und werden bei hohen Umlaufzahlen bisweilen auch durch das Leckwasser der Axialschubentlastung gekühlt. Die Stopfbüchsen haben meistens einfache Baumwollpackung. Die Saugstopfbüchse erhält bei einstufigen Pumpen eine Absperrung durch Druckwasser aus dem Druckrohr oder bei Hochdruckpumpen aus der ersten Stufe, um das Eindringen von Luft von außen zu verhindern. Die Stopfbüchse an der Druckseite ist bei Verwendung einer Schubentlastung mit Entlastungsscheibe hinter der letzten Druckstufe selbst vollkommen entlastet. Wenn dies nicht der Fall ist, wird sie meistens durch eine labyrinthartige Entlastungskammer entlastet, so daß auch hier eine gewöhnliche weiche Packung genügt.

Die **Rohrleitungen** der Kreiselpumpen macht man zweckmäßig ebenso weit wie die Anschlußstutzen. Scharfe Krümmungen der Rohre müssen vermieden werden. Die Geschwindigkeit im Saugrohr darf höchstens 2 m/sk betragen. Im Druckrohr nimmt man 2—3 m/sk je nach der Wassermenge. Windkessel sind bei Kreiselpumpen nicht nötig, da das Wasser ununterbrochen mit gleicher Geschwindigkeit gefördert wird. In die Druckleitung wird ein Regulierschieber eingebaut und bei Drücken über 10 m außerdem eine Rückschlagklappe (möglichst mit Umlaufvorrichtung). Letztere soll den Rückstoß der Druckwassersäule bei plötzlichem Abstellen der Pumpe von dem Gehäuse fernhalten. Das Saugrohr wird am unteren Ende zweckmäßig trichterförmig erweitert, um ein allmähliches stoßfreies Eintreten des Wassers zu erreichen. Der Saugkorb erhält gewöhnlich ein Fußventil, um das Abfließen des Wassers beim Stillstand der Pumpe zu verhindern.

e) **Die Welle** besteht gewöhnlich aus S.M.-Stahl, aus hochwertigem Nickelstahl oder Elektrostahl. Bei Seewasser oder sauren Flüssigkeiten erhält die Welle einen Bronzeüberzug, oder sie wird ausnahmsweise auch ganz aus schmiedbarer Bronze hergestellt. Trotz der oft großen Lagerentfernung wird die Welle nur gering auf Biegung beansprucht, da sie nur das Gewicht der leichten Laufräder zu tragen hat. Sie braucht daher nur auf Drehung berechnet zu werden.

$$d = \sqrt[3]{\frac{5\,M_d}{k_d}} = \sqrt[3]{\frac{5 \cdot 71620\,N}{k_d \cdot n}}$$

für k_d nimmt man mit großer Sicherheit 150—200 kg/qcm an.

Bei hohen Umdrehungszahlen und bei großer Lagerentfernung, wie sie bei vielstufigen Hochdruckpumpen vorliegt, ist dann noch nachzurechnen, ob die

Umdrehungszahl der Welle genügend weit unterhalb der kritischen Umdrehungszahl liegt. Vor allem ist darauf zu achten, daß die Welle mit den Laufrädern
zusammen möglichst genau ausgewuchtet wird. Die kritische Umdrehungszahl
ist $n_k \cong 300 \sqrt{\dfrac{k}{G}}$, wo G das Gewicht der Welle und der Räder ist. k ist eine
Kraft, welche erforderlich ist, um die Welle um 1 cm durchzubiegen. Näheres
s. Taschenbuch für den Maschinenbau von Dubbel,
Verl. Jul. Springer, 2. Aufl., S. 248; s. auch Beispiel S. 66.

n_k muß mindestens 50—70 v. H. größer als n sein.

f) Im Betriebe entsteht bei den Kreiselpumpen
ein **Axialdruck,** welcher das Rad von der Druckseite
nach der Saugseite zu schieben sucht. Dieser Axialschub muß aufgehoben werden. Bei einstufigen Pumpen
kann er durch beiderseitigen Einlauf beseitigt werden.
Es braucht die Welle dann nur durch Stellringe (bei
kleineren Pumpen) oder durch ein kleines Axialkugellager gegen zufällige Verschiebungen gesichert zu werden.
Ein Druckausgleich zwischen der Druck- und Saugseite
des Laufrades durch einige Löcher im Boden des Laufrades und Abdichtung der Radnabe durch Schleifringe

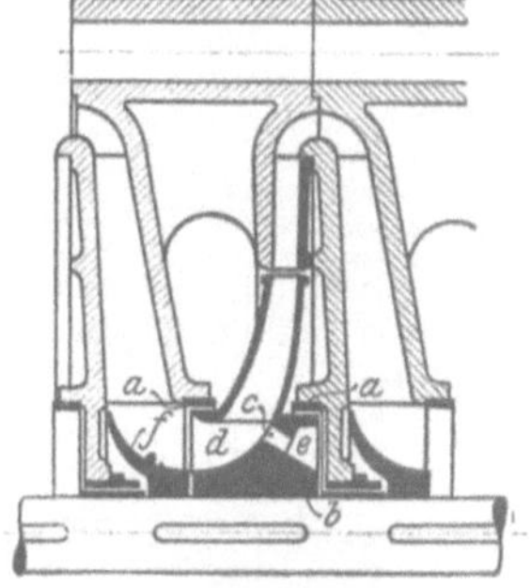

Abb. 127.

aus Bronze, Weißmetall oder auch wohl aus hartem Stahl geht auf Kosten des
Nutzeffektes der Pumpe, besonders, wenn die Dichtungsringe durch Verschleiß
allmählich undicht werden. Abb. 127 zeigt eine derartige ältere Ausführung
der Firma C. H. Jäger-Leipzig. a sind auswechselbare Dichtungsringe von
gleichem Durchmesser vor und hinter dem Rade b.
In den Boden des Laufrades sind Löcher c gebohrt,
wodurch die Räume d und e vor und hinter dem
Rade miteinander verbunden sind, so daß auf beiden
Seiten der Druck gleich groß wird. f ist ein gewölbtes
Entlastungsstück, welches gleichzeitig mit dem Laufrade auf der Welle festgekeilt ist. Dasselbe soll den
Strömungsdruck auf die gegenüberliegende muldenförmige Laufradnabe aufheben. Die letztere Anordnung ist teuer und gibt große Baulänge der
Pumpe.

Am besten hat sich besonders bei mehrstufigen
Hochdruckpumpen die Abfangung des Axialschubes
aller Räder durch eine hydraulische Entlastungsvorrichtung bewährt, welche Druckwasser aus der
letzten Stufe erhält.

Abb. 128 zeigt eine solche Vorrichtung mit
Entlastungsteller der Firma C. H. Jäger-Leipzig.
Der Entlastungsteller liegt im Pumpengehäuse hinter

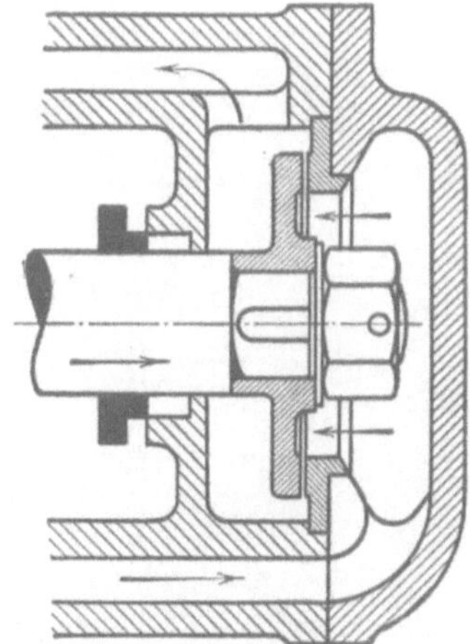

Abb. 128.

dem letzten Laufrade. Der Druck der Laufräder ist in der Abbildung nach
rechts gerichtet. Das Druckwasser, welches den Teller nach links drückt, wird
aus der letzten Stufe genommen, wie die Pfeile in der Abbildung zeigen.

Eine doppeltwirkende hydraulische Entlastung derselben Firma, welche
völlig selbsttätig die in wechselnder Richtung auftretenden Axialdrücke ausgleicht, zeigt Abb. 129. Das Wasser fließt der Entlastungsvorrichtung aus der
letzten Druckstufe bei a zu. Bei Linksrichtung des Axialschubes, wie der Pfeil
angibt, wird der Spalt b geschlossen und c geöffnet. Dadurch tritt Druckwasser

in den Raum d vor den Druckteller e und fließt bei f wieder ab. Bei Rechts-
richtung des Axialdruckes wird b geöffnet und c geschlossen. Das Druckwasser
tritt durch die Löcher g auf die rechte Seite des Drucktellers e und fließt bei f

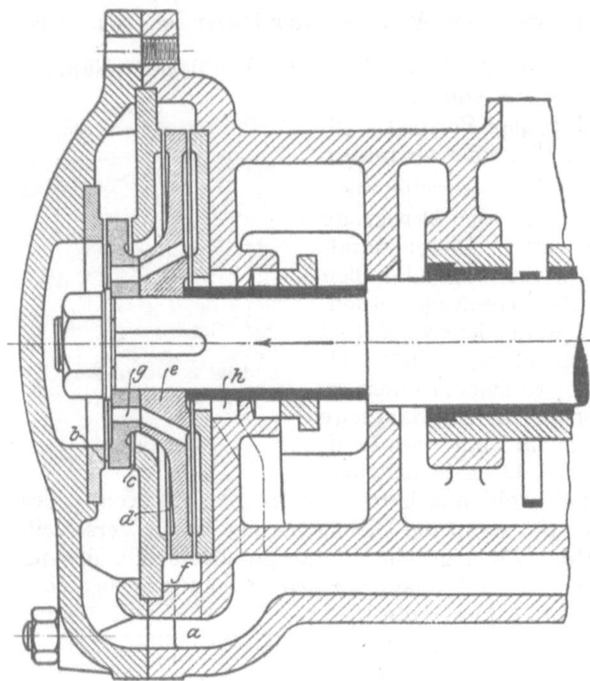

Abb. 129.

und h ab. Durch den Ein-
bau der Entlastungsvor-
richtung am Ende der
Welle sind alle Teile leicht
zugänglich.

An Stelle des Ent-
lastungstellers ist heute
vielfach eine Entlastungsscheibe hinter der letzten
Druckstufe getreten, wie
Abb. 130 zeigt. Der Raum
a steht durch den Spalt s
mit der letzten Druckstufe
in Verbindung, so daß das
Druckwasser gegen die
Scheibe b drücken kann. b
ist mit der Welle verkeilt.
Der Axialschub wirkt nach
links, der Wasserdruck auf
die Scheibe nach rechts.
c und d sind auswechsel-
bare Dichtungsringe aus
Bronze oder Weißmetall.
In dem Raum e herrscht
Atmosphärendruck, so daß
die Stopfbüchse auf der
Hochdruckseite völlig entlastet ist.
Bei f fließt das Leckwasser ab.
Nach der Menge des Abflußwassers
kann man das mehr oder weniger
gute Arbeiten der Entlastungsvorrichtung von außen beurteilen.
Anstatt der Scheibe verwenden
einzelne Firmen einen Entlastungs-
kolben.

Bei den hydraulischen Ent-
lastungsvorrichtungen stellt sich
die Welle nach beiden Seiten selbsttätig ein, so daß eine Festlegung
durch Axiallager nicht zulässig und
auch nicht nötig ist.

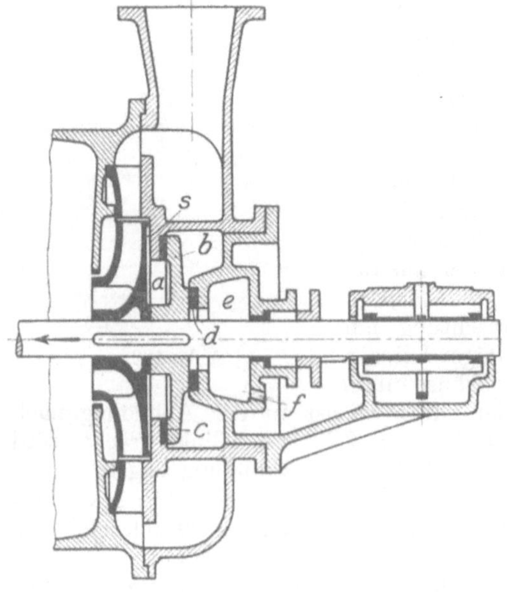

Abb. 130.

4. Verwendungszweck und Antrieb der Kreiselpumpen.

Die Niederdruckkreiselpumpe
dient hauptsächlich zur Förderung
von großen Wassermengen auf

kleine Förderhöhe (bis zu 20, höchstens 30 m), z. B. zur Bewässerung und Ent-
wässerung großer Landflächen. Ferner wird sie als Dockentleerungspumpe,
als Zubringerpumpe bei Wasserwerken, um das Rohwasser auf die Filter zu
heben, als Lenzpumpe und als Kühlwasserpumpe für die Oberflächenkondensation
auf Schiffen benutzt. Diese Pumpen werden gewöhnlich durch raschlaufende
Dampfmaschinen oder Verbrennungsmaschinen angetrieben. Kleine Niederdruckpumpen, welche bei den kleinen Laufraddurchmessern höhere Umdrehungszahlen verlangen, werden auch wohl durch Elektromotoren betrieben. Die
Niederdruckpumpen eignen sich auch zum Fördern von schlammigen und un
reinen Flüssigkeiten.

Die einstufige Pumpe mit Leitrad verwendet man als Hauptförderpumpe
(Reinwasserpumpe) bei Wasserwerken bis zu etwa 60 m Förderhöhe. Der Antrieb
erfolgt durch Elektromotoren oder vereinzelt durch raschlaufende Dieselmaschinen;
neuerdings auch schon durch Dampfturbinen. In dem Falle werden zwei oder
mehrere Pumpen parallel geschaltet (s. frühere Abb. 120). Ferner zur Wasser-
versorgung von Hochöfen und Stahlwerken, für kleinere Wasserversorgungen
und als Feuerspritze.

Das Verwendungsgebiet der mehrstufigen Hochdruckpumpe ist sehr umfang-
reich. Als wichtigste Anwendung ist wohl die Bergwerkswasserhaltung zu nennen.
Als Antriebsmaschine kommt hier nur noch der Elektromotor in Frage. Ferner
wird sie als Preßwasserpumpe (Akkumulatorpumpe) mit elektrischem Antrieb,
als Kesselspeisepumpe, Wasserwerkspumpe für Drücke über 6 Atm., beide mit
Turbinen- oder elektrischem Antrieb, vielfach verwendet. Der Antriebsmotor
wird bei den Hochdruckpumpen in der Regel auf der Druckseite angeordnet.

Als Sondergebiet des Kreiselpumpenbaues ist noch die Turbinen-Konden-
sator-Luftpumpe zu nennen. Näheres hierüber ist in der Zeitschrift des Vereins
deutscher Ingenieure, Jahrg. 1913, S. 1060 veröffentlicht.

Jede Pumpe wird auf dem Prüfstand der Fabrik gründlich auf Leistung und
Wirkungsgrad untersucht. Hierbei werden die Kennlinien jeder Pumpe (s. Abschnitt II, 2. h) aufgenommen.

5. Inbetriebsetzung und Regelung.

Die Kreiselpumpe ist nicht imstande, bei der Inbetriebsetzung eine so
große Luftverdünnung hervorzurufen, daß das Wasser infolge des Atmosphärendrucks im Saugrohr hochsteigt und ins Laufrad eintritt. Deshalb ist es notwendig,
das Saugrohr und die Pumpe vor dem Anlassen mit Wasser zu füllen. Hierbei
müssen alle an der Pumpe befindlichen Entlüftungshähne geöffnet sein, damit
die Luft vollständig entweichen kann. Das Füllen kann durch Trichter, durch
Umleitung aus dem Druckrohr oder durch Ejektor erfolgen. Nachdem die Pumpe
vollständig mit Wasser gefüllt ist, läßt man sie bei geschlossenem Absperrschieber
anspringen. Die hierbei notwendige Leistung ist aus Abb. 114 zu ersehen, sie
beträgt durchschnittlich etwa 35 v. H. der Normalleistung. Hat die Pumpe ihre
normale Umlaufszahl erreicht und ist der Wasserdruck, welcher am Manometer
abgelesen werden kann, bis zur gewünschten Förderhöhe annähernd gestiegen,
dann wird der Absperrschieber allmählich geöffnet. Das Anfahren darf wegen der
Wärmeentwicklung nicht zu lange dauern.

Die Regelung der Fördermenge durch Änderung der Umlaufszahl oder durch
Drosseln ist durch die Verwendungsart der Pumpe und durch die Antriebs-
maschine bestimmt. Hat die Pumpe vorwiegend statischen Druck zu überwinden
(Wasserhaltungen), so ist eine Verkleinerung der Fördermenge nur durch Drosseln

möglich, obgleich dies unwirtschaftlich ist, weil bei einer Verkleinerung der Umlaufszahl das Rückschlagventil sehr bald zuschlägt und dadurch die Förderung aufhört. Findet die Regelung durch Drosseln statt, dann ist der Einbau einer gesteuerten Umleitung zweckmäßig, um bei geschlossenem Absperrschieber eine zu starke Erwärmung zu verhindern. Die Regelung durch Drosseln wird wegen ihrer Einfachheit besonders dann verwendet, wenn es sich nur um vorübergehende Regelung handelt.

Bei Wasserwerkspumpen, die hauptsächlich hydraulische Reibungswiderstände überwinden müssen, ist eine Regelung durch Änderung von n möglich, sofern es die Antriebsmaschine erlaubt.

III. Luftdruck-, Dampfdruck- und Gasdruckpumpen.

Die Luft- bzw. Dampfdruckpumpen und ebenso die Wasser- bzw. Dampfstrahlpumpen zeichnen sich durch große Einfachheit und infolgedessen Betriebssicherheit aus. Gegenüber den Kolben- und Kreiselpumpen arbeiten sie durchweg mit einem ziemlich niedrigen Nutzeffekt, so daß ihre Anwendung meistens nur für besondere Zwecke in Frage kommt.

1. Luftdruckpumpen.

Die von der Firma Borsig-Berlin gebaute Mammutpumpe fördert die Flüssigkeit unmittelbar mittels Luftdruckes. Die Pumpe (Abb. 131) besteht aus dem Steigrohr A, einem Fußstück B und dem Luftdruckrohr C. Die Druckluft kann nach dem Eintritt in das Fußstück das Steigrohr umspülen und am ganzen Umfange unten in das Steigrohr eintreten. Die Luftblasen, welche sich mit dem Wasser vermischen, verringern das spezifische Gewicht des letzteren. Zeitweise bilden sich in dem Steigrohr während des Betriebes sogar mehr oder weniger große Luftkolben zwischen dem Wasser wie in der Abb. 131 angedeutet. Die über der unteren Öffnung des Steigrohres stehende Wassersäule drückt dann das Luft- und Wassergemisch nach oben. Aus diesem Grunde muß die Pumpe so weit in das Bohrloch hineingesenkt werden, daß die Eintauchtiefe mindestens gleich der Förderhöhe H bis 1,5 H ist. Da die Pumpe keine Kolben, Ventile, Packungen usw. hat, ist sie gegen verunreinigtes, schlammiges oder sandhaltiges Wasser unempfindlich und sehr betriebssicher. Der Wirkungsgrad ist ziemlich niedrig (bis 45%). Bei großen Förderhöhen sinkt der Wirkungsgrad erheblich. Bei großen Saughöhen ist die Verwendung der Mammutpumpe dadurch sehr günstig, daß sie in einfachster Weise in ein Bohrloch von kleinem Durchmesser tief herabgesenkt werden kann, während für eine abgesenkte Pumpe ein sehr großes Bohrloch oder ein Schacht erforderlich ist.

Die Liefermenge einer Mammutpumpe kann, ohne daß der Wirkungsgrad besonders ungünstig beeinflußt wird, innerhalb ziemlich weiter Grenzen geregelt werden. Die Wassergeschwindigkeit beim Eintritt in das Steigrohr soll möglichst nicht größer als 1,5 m/sk sein.

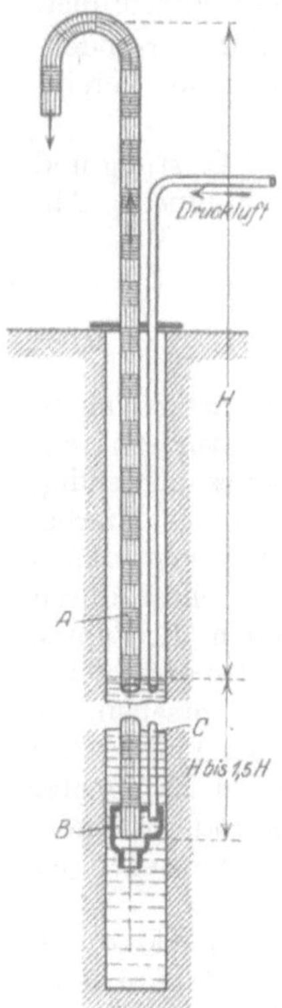

Abb. 131.

2. Dampfdruckpumpen (Pulsometer).

Der Pulsometer wurde von Hall im Jahre 1871 erfunden. Die Abb. 132 und 133 zeigen den Hallschen Pulsometer, wie er von der Firma Carl Eichler, Henry Halls Nachfolger-Berlin jetzt ausgeführt wird.

Der Pulsometer hat außer der Pendelzunge und den Ventilen keine beweglichen Teile, so daß nur Abnutzung von diesen Maschinenteilen stattfindet und die Lebensdauer und Betriebssicherheit der Pumpe daher groß ist. Auch ist der Pulsometer unempfindlich gegen Verunreinigungen der zu pumpenden Flüssigkeit.

Der Dampf strömt vom Zuleitungsrohr a abwechselnd in die beiden Kammern c_1 und c_2 und wird später durch Einspritzwasser kondensiert. Der Dampfdruck

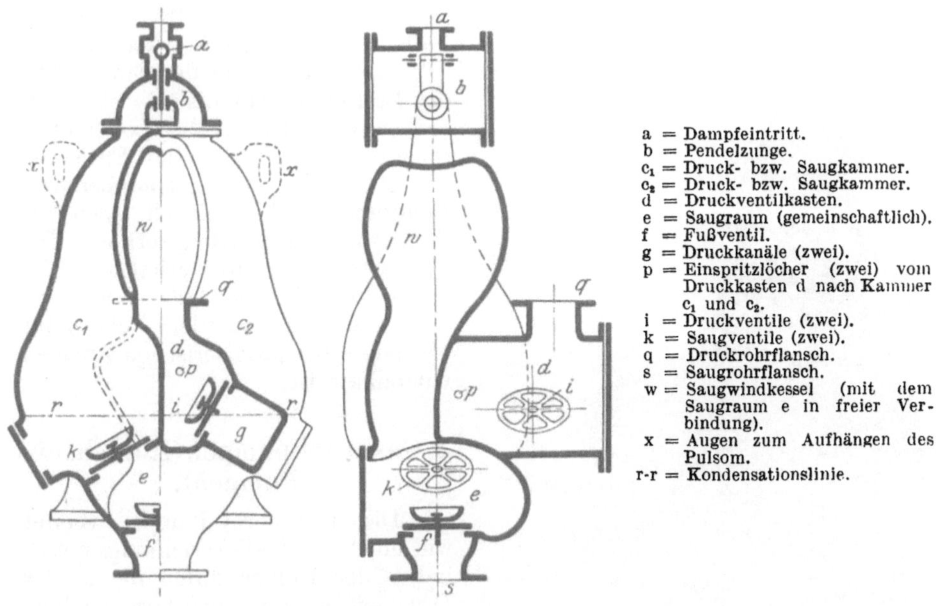

Abb. 132.

bewirkt das Heben der Flüssigkeit, und die Kondensation des Dampfes das Saugen. Es soll angenommen werden, daß der Pulsometer bereits mit Wasser gefüllt ist und die Pendelzunge b rechts anliegt, dann drückt der Dampf nach dem Öffnen des Dampfabsperrventils oben auf die Wasseroberfläche der linken Kammer c_1, senkt dieselbe und drückt die Flüssigkeit durch das Druckventil i in die Druckleitung (Stutzen q). Sobald der Wasserspiegel bis zur Oberkante des Druckventils i abgesenkt ist, strömt der Dampf mit großer Geschwindigkeit durch dasselbe. Durch die starke Mischung des Dampfes mit dem Wasser erfolgt hier eine Kondensation des Dampfes. Der hierdurch in dem Raume c_1 entstehende Unterdruck veranlaßt ein rasches Einströmen des Dampfes durch den Spalt der Pendelzunge und wirft letztere nach links. Die Kammer c_1 ist jetzt abgeschlossen und der Dampf strömt in die Kammer c_2. Aus der Druckkammer d wird durch die Einspritzlöcher p jedesmal etwas Wasser in die Saugkammer gespritzt, wodurch der Dampf weiter kondensiert wird. Während nun in c_2 der Wasserspiegel gesenkt wird, findet gleichzeitig in der Kammer c_1 durch das entstandene Vakuum ein Ansaugen von Flüssigkeit durch das Saugventil k statt. Nach völliger Senkung des Wassers in c_2 beginnt in c_1 das Spiel von neuem.

Dar Pulsometer kann 7—8 m ansaugen. Günstiger ist eine geringe Saughöhe von 1—2 m. Der Dampfdruck muß 1—1,5 Atm. höher sein als die Druckhöhe. Der Pulsometer kann auch unter Wasser arbeiten. Er kann sich also freipumpen, wenn er beispielsweise durch Hochwasser einmal unter Wasser gesetzt wird.

Je nach der Größe des Pulsometers erzielt man mit 1 kg Dampf eine Arbeit von 3000—5000 mkg in gehobenem Wasser. In einzelnen Fällen sind schon 6000 bis 7000 mkg erreicht. Der Dampfverbrauch ist sehr hoch, er beträgt 50 bis 90 kg/PSn/-Std. Es tritt eine geringe Erwärmung des gehobenen Wassers ein.

Der Pulsometer wird in solchen Fällen verwendet, wo der Dampfverbrauch gegenüber der Einfachheit des Betriebes nicht ins Gewicht fällt, z. B. zum Auffüllen des Lokomotivtenders, zum Füllen oder Entleeren von Behältern, zum Auspumpen von Baugruben und vereinzelt noch zur Wasserhebung in Bergwerken. Die Pumpenanlage wird verhältnismäßig billig, einfach und läßt sich rasch ausführen, so daß der Pulsometer besonders bei provisorischen Anlagen vorteilhaft ist.

Abb 133.

3. Gasdruckpumpen (Humphrey-Pumpen).

Die Humphrey-Pumpe arbeitet wie ein Viertakt-Verbrennungsmotor, indem der Kolben durch die in der Druckleitung hin- und herpendelnde Wassersäule gebildet wird. In Abb. 134 ist V der Verbrennungsraum. Das Eintrittsventil E für Luft- und Generatorgasgemisch und das Austrittsventil A, welche in der Abbildung zu sehen sind und außerdem noch ein Luftspülventil, ein Anlaßventil und die Zündkerze sind im Deckel angebracht. A ragt ein Stück in den Verbrennungsraum hinein. Sämtliche Ventile öffnen nach innen und werden gesteuert. Einlaß- und Auslaßventil verriegeln sich gegenseitig, so daß sie nicht gleichzeitig öffnen können. S sind gruppenartig angeordnete Saugventile, welche sich selbsttätig nach innen öffnen. Durch dieselben wird das Wasser aus dem umschließenden Saugwasserbehälter angesaugt.

Vor Beginn des ersten Taktes soll im Verbrennungsraum V schon komprimiertes Luft- und Gasgemisch vorhanden sein. I. Takt: Das Gasgemisch wird entzündet, verbrennt und expandiert. Die Wassersäule wird vorgetrieben, bis das Auspuffventil A freigelegt wird, wodurch die Abgase sich entspannen. Gleichzeitig wird das Spülluftventil geöffnet. Durch die lebendige Kraft der in

Bewegung befindlichen Wassersäule tritt jetzt ein Langziehen der Abgase (Über-expansion) ein, so daß durch das Auslaßventil und durch das Spülventil Luft in den Raum V eintritt. Gleichzeitig wird Wasser durch die Saugventile S ein-gesaugt. II. Takt: Die aufsteigende Wassersäule ist zur Ruhe gekommen, nach-dem ein Teil des Wassers in den Behälter B geströmt ist und pendelt jetzt zurück. Dadurch werden die Abgase durch das Auspuffventil ausgeschoben. Bis zum Schluß des Auspuffventils hat die zurückpendelnde Wasser-säule eine so große Geschwindig-keit erreicht, daß sie durch ihre lebendige Kraft das Gemisch von Luft und Abgasresten in der Verbrennungskammer V kom-primiert. III. Takt: Das kom-primierte Luft- und Abgas-gemisch expandiert und treibt die Wassersäule wieder ein Stück zurück nach dem Behälter B. Durch die lebendige Kraft der bewegten Wassersäule tritt aber-mals eine Überexpansion ein, so daß jetzt nach Öffnen des Einlaß-ventils E Luft und Gas· ein-

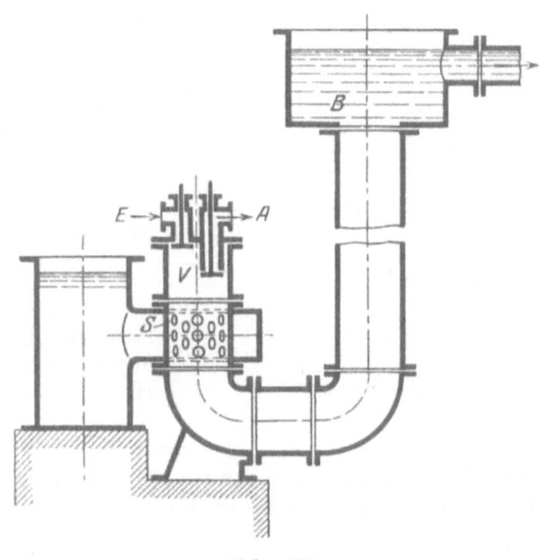

Abb. 134.

gesaugt wird. IV. Takt: Nochmaliges Zurückpendeln der Wassersäule, wodurch das Luft- und Gasgemisch komprimiert wird, so daß es bei dem nun wieder folgenden I. Takt entzündet werden kann. Das Anlassen geschieht mit kom-primierter Luft, indem das Anlaßventil mehrere Male von Hand bewegt wird, bis ein genügend großes Pendeln der Wassersäule erreicht ist.

Die Pumpe eignet sich besonders zum Heben größerer Wassermengen auf kleine Druckhöhen. Der Brennstoffverbrauch im Generator soll etwa 0,5 kg Anthrazit für die Pferdestärke und Stunde betragen.

IV. Wasserstrahl- und Dampfstrahlpumpen.

1. Wasserstrahlpumpen.

a) Gleichförmig wirkende Wasserstrahlpumpen.

Sie dienen zum Auspumpen von Baugruben und überschwemmten Kellern, bei Tunnelbauten und Tiefbauten usw. Voraussetzung ist das Vorhandensein einer Kraftwasserleitung.

Abb. 135 zeigt die besonders einfache und billige Wasserstrahlpumpe (Ejektor) von Gebr. Körting-Hannover. Dieselbe kann mit dem linken Gewindestutzen an die Wasserleitung angeschlossen werden. Das Druckwasser strömt durch die Düse D, saugt durch die Löcher L das Wasser aus dem Saugrohr S und drückt es in die rechts angeschlossene Druckleitung. Durch Wasser aus einer städtischen Wasserleitung läßt sich eine Förderhöhe von 8 bis 10 m bei genügend gutem

Wirkungsgrad der Pumpe erreichen, davon kann die Saughöhe bis zu 3 m betragen. Die Pumpe kann auch ganz in das auszupumpende Wasser gelegt werden; in diesem Falle fällt der Saugstutzen fort und die äußere Wandung der Saugkammer wird siebartig durchlöchert, um grobe Verunreinigungen fernzuhalten wie Abb. 135a zeigt. Der Wirkungsgrad ist bei kleinen Pumpen $\eta = 0,1$ bis $0,15$, bei größeren η bis $0,22$ und bei ganz großen Pumpen bis höchstens $0,25$, so daß die Wasserstrahlpumpe nur für schnell auszuführende vorläufige Anlagen in Frage kommt.

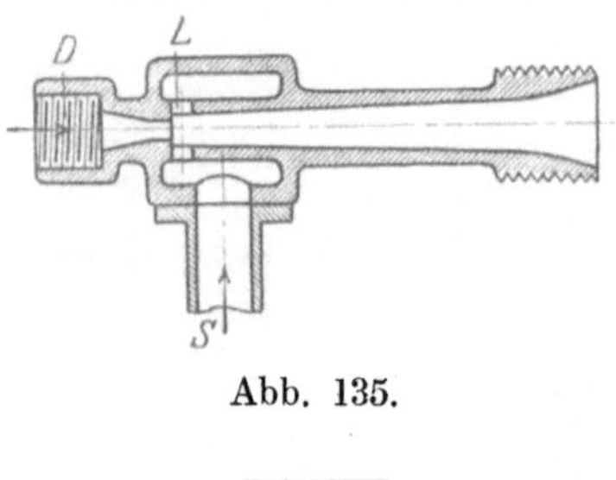

Abb. 135.

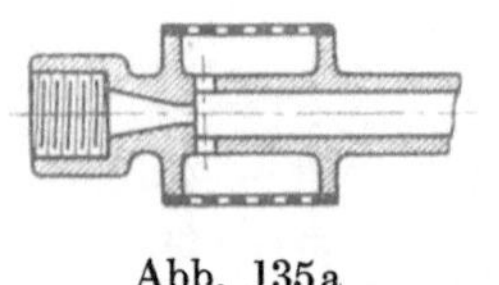

Abb. 135a

b) Stoßweise wirkende Wasserstrahlpumpen (Stoßheber, hydraulische Widder).

Der hydraulische Widder dient zum Fördern eines Teiles einer größeren Wassermenge mit geringem Gefälle auf eine größere Höhe durch Stoßdruck des bewegten Wassers in der Kraftleitung D infolge plötzlicher Absperrung der Ausflußöffnung durch das Stoßventil A (s. Abb. 136). Die Kraftleitung D verbindet das Gehäuse F mit dem Vorratsbehälter E. Durch Herunterdrücken des Stoßventils A mit der Hand kann Wasser aus dem Ventil ausfließen, wodurch die Wassersäule in dem Rohr D in Bewegung gesetzt wird. Nach Freigabe des Stoßventils wird dasselbe durch das ausströmende Wasser mitgerissen und geschlossen. Durch den hierdurch verursachten Wasserstoß öffnet sich das Druckventil (Steigventil) B und das Wasser tritt in den Windkessel und in die Steigleitung D_1. Hierdurch wird der Wasserdruck gegen das Stoßventil für einen Augenblick aufgehoben, so daß dasselbe durch sein eigenes Gewicht herunterfällt. Nach Schluß des Druckventils B strömt wieder Wasser aus der Kraftleitung ins Freie aus, bringt das Stoßventil zum Schließen und erzeugt einen neuen Rückstoß und so fort. Der Widder wird in Gang gebracht, indem das Stoßventil mehrmals nacheinander mit der Hand niedergedrückt wird, bis die Steigleitung D_1 gefüllt ist. Dadurch, daß das Stoßventil eine Zeitlang geschlossen gehalten wird, kann man den Widder außer Betrieb setzen. Die Luft im Windkessel wird durch ein Schnüffelventil ständig ergänzt.

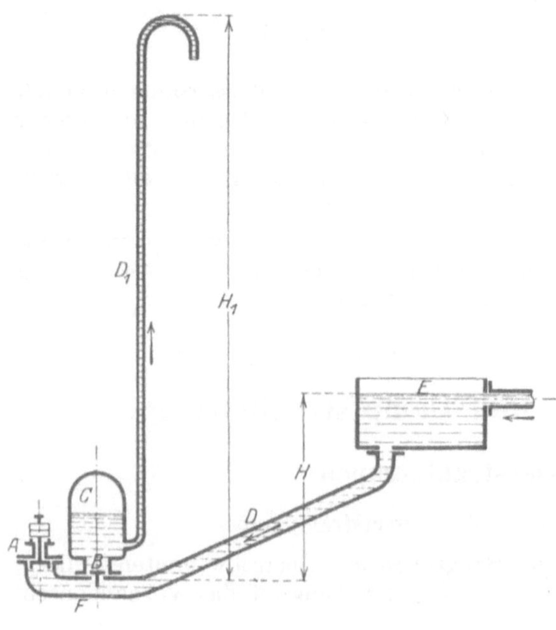

Abb. 136.

Die Länge des Kraftwasserrohres soll tunlichst nicht länger als 20 m sein. Der Wirkungsgrad wird am günstigsten bei nicht zu großen Förderhöhen H_1 im Vergleich zur Gefällhöhe H, z. B. $\dfrac{H}{H_1} = \dfrac{1}{3}$. Bei Anlagen bis zu $\dfrac{H}{H_1} = \dfrac{1}{7}$ ist der Wirkungsgrad auch noch recht günstig. Im besten Falle kann η bis 0,9 werden, während bei großen Förderhöhen im Vergleich zur Gefällhöhe η auf 0,3 bis 0,2 sinkt.

2. Dampfstrahlpumpen (Injektoren).

Beim Injektor wird die Energie rasch strömenden Dampfes zur Förderung des Wassers benutzt. Der Dampfverbrauch ist sehr hoch, so daß der Injektor in der Regel nur zur Dampfkesselspeisung verwendet wird, da hierbei die dem Wasser durch den Dampf mitgeteilte Wärme nicht verloren geht. Das Speisewasser darf bei nicht allzu hohem Kesseldruck eine Temperatur bis zu 30^0 C haben. Am günstigsten ist es, wenn das Wasser zufließt, doch kann der Injektor auch saugend ausgeführt werden. Bei nicht saugender Anordnung kann der Injektor sogar mit Abdampf betrieben werden. Bei saugender Anordnung muß etwas Frischdampf dem Abdampf zugeführt werden.

Abb. 137 zeigt den saugenden Injektor von Schäffer & Budenberg-Magdeburg. Bei a ist der Dampfeinlaß. Von dort tritt der Dampf in die Dampfdüse c und strömt aus derselben infolge der Verengung mit großer Geschwindigkeit in die Mischdüse e. Beim Eintritt in e trifft der Dampf mit dem bei b eintretenden Wasser zusammen. Durch die Mischung des Dampfes mit dem Wasser in der

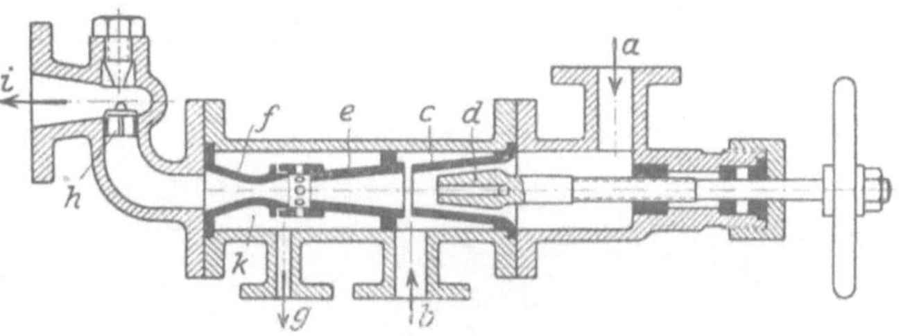

Abb. 137.

Düse e kondensiert sich der Dampf und gibt einen Teil seiner Strömungsenergie an das Wasser ab. Am Ende der Mischdüse hat das Gemisch eine hohe Geschwindigkeit erreicht, welche nun in der sich nach links erweiternden Druckdüse f in Druck umgesetzt wird. h ist ein Rückschlagventil. Bei i findet der Anschluß an den Kessel statt. Durch die Düsennadel d wird die Dampfzufuhr zur Dampfdüse c mit dem Handrade eingestellt. Der Düsenkegel d ist der Länge nach und außerdem beim Übergang in die Spindel quer durchbohrt, so daß bei geschlossenem Kegel die zum Ansaugen nötige Dampfmenge hindurchtreten kann. Zwischen der Mischdüse e und der Druckdüse f, welche zusammengeschraubt werden, ist ein kleiner zylindrischer Raum vorhanden, dessen Wand mehrere Löcher erhält, damit überflüssiges Kondenswasser beim Ingangsetzen des Injektors in den sogenannten Schlabberraum k gelangen und von dort durch den Stutzen g abfließen kann.

Die Doppelinjektoren sind so eingerichtet, daß von zwei in einem gemeinsamen Gehäuse untergebrachten Injektoren der eine das Wasser ansaugt und dem anderen zudrückt, so daß auch zufließendes heißes Wasser bis zu 70^0 C in den Kessel gespeist werden kann (Universal-Injektor von Gebr. Körting-Hannover).

Der sogenannte Restarting-Injektor springt nach unbeabsichtigten Unterbrechungen selbsttätig wieder an.

Die Kolbenpumpen einschließlich der Flügel- und Rotationspumpen. Von **H. Berg**, Professor a. D. der Technischen Hochschule in Stuttgart. Zweite, vermehrte und verbesserte Auflage. Mit 536 Textfiguren und 13 Tafeln. 1921. Gebunden GZ. 15

Die Zentrifugalpumpen mit besonderer Berücksichtigung der Schaufelschnitte. Von Dipl.-Ing. **Fritz Neumann**. Zweite, verbesserte und vermehrte Auflage. Mit 221 Textfiguren und 7 lithogr. Tafeln. Unveränderter Neudruck 1922.
Gebunden GZ. 10

Kreiselpumpen. Eine Einführung in Wesen, Bau und Berechnung neuzeitlicher Kreisel- oder Zentrifugalpumpen. Von Dipl.-Ing. **L. Quantz**, Stettin. Mit 109 Textabbildungen. 1922. GZ. 3,8

Wasserkraftmaschinen. Eine Einführung in Wesen, Bau und Berechnung neuzeitlicher Wasserkraftmaschinen und -Anlagen. Von Dipl.-Ing. **L. Quantz**, Stettin. Vierte, erweiterte und verbesserte Auflage. Mit 179 Textfiguren. 1922. GZ. 3

Die Theorie der Wasserturbinen. Ein kurzes Lehrbuch. Von Professor **Rudolf** Escher, Zürich. Dritte, neubearbeitete und verbesserte Auflage herausgegeben von Oberingenieur R. Dubs, Zürich. In Vorbereitung

Dynamik der Leistungsregelung von Kolbenkompressoren und -pumpen (einschließlich Selbstregelung und Parallelbetrieb). Von Dr.-Ing. Leo Walther in Nürnberg. Mit 44 Textabbildungen, 23 Diagrammen und 85 Zahlenbeispielen. 1921. GZ. 4,6; gebunden GZ. 6

Kolben- und Turbokompressoren. Theorie und Konstruktion. Von **P. Ostertag**, Dipl.-Ing., Professor am kantonalen Technikum Winterthur. Dritte, verbesserte Auflage. Mit 358 Textabbildungen. 1923. Gebunden GZ. 20

Thermodynamische Grundlagen der Kolben- und Turbokompressoren. Graphische Darstellungen für die Berechnung und Untersuchung. Von Oberingenieur **Adolf Hinz** in Frankfurt a. M. Mit 12 Zahlentafeln, 54 Figuren und 38 graphischen Berechnungstafeln. 1914. Gebunden GZ. 12

Kompressorenanlagen, insbesondere in Grubenbetrieben. Von Dipl.-Ing. **Karl Teiwes**. Mit 129 Textfiguren. 1911. Gebunden GZ. 7

Kolbendampfmaschinen und Dampfturbinen. Ein Lehr- und Handbuch für Studierende und Konstrukteure. Von Professor **Heinrich Dubbel**, Ingenieur. Sechste, vermehrte und verbesserte Auflage. Mit 566 Textfiguren.

Erscheint im Frühjahr 1923

Konstruktion und Material im Bau von Dampfturbinen und Turbodynamos. Von Dr.-Ing. **O. Lasche**, Direktor der A. E. G. Zweite Auflage. Mit 345 Textabbildungen. 1921. Gebunden GZ. 12

Dampf- und Gasturbinen. Mit einem Anhang über die Aussichten der Wärmekraftmaschinen. Von Dr. phil., Dr.-Ing. **A. Stodola**, Professor an der Eidgenössischen Technischen Hochschule in Zürich. Fünfte, umgearbeitete und erweiterte Auflage. Mit 1104 Textabbildungen und 12 Tafeln. Unveränderter Neudruck.

Erscheint im Frühjahr 1923

Der Einfluß der rückgewinnbaren Verlustwärme des Hochdruckteils auf den Dampfverbrauch der Dampf-Turbinen. Von Dr.-Ing. **Georg Forner**, beratender Ingenieur und Privatdozent an der Technischen Hochschule zu Berlin. Mit 10 Textabbildungen und 8 Zahlentafeln. 1922. GZ. 1,5

Das Entwerfen und Berechnen der Verbrennungskraftmaschinen und Kraftgasanlagen. Von Maschinenbaudirektor Dr.-Ing. e. h. **H. Güldner**, Aschaffenburg. Dritte, neubearbeitete und bedeutend erweiterte Auflage. Mit 1282 Textfiguren, 35 Konstruktionstafeln und 200 Zahlentafeln. Dritter, unveränderter Neudruck. 1922. Gebunden GZ. 42

Maschinentechnisches Versuchswesen. Von Professor Dr.-Ing. **A. Gramberg**, Oberingenieur an den Höchster Farbwerken.

Erster Band: **Technische Messungen bei Maschinenuntersuchungen und zur Betriebskontrolle.** Zum Gebrauch an Maschinenlaboratorien und in der Praxis. Fünfte, vielfach erweiterte und umgearbeitete Auflage. Mit 326 Textfiguren.

Erscheint im Frühjahr 1923

Zweiter Band: **Maschinenuntersuchungen und das Verhalten der Maschinen im Betriebe.** Ein Handbuch für Betriebsleiter, ein Leitfaden zum Gebrauch bei Abnahmeversuchen und für den Unterricht an Maschinenlaboratorien. Zweite, erweiterte Auflage. Mit 327 Figuren im Text und auf 2 Tafeln. 1921.

Gebunden GZ. 17

Hilfsbuch für den Maschinenbau. Für Maschinentechniker sowie für den Unterricht an technischen Lehranstalten. Unter Mitwirkung bewährter Fachleute herausgegeben von Oberbaurat **Fr. Freytag** †, Prof. i. R. Sechste, erweiterte und verbesserte Auflage. Mit 1288 in den Text gedruckten Figuren, 1 farbigen Tafel, 9 Konstruktionstafeln. 1920. Gebunden GZ. 12

Taschenbuch für den Maschinenbau. Unter Mitwirkung bewährter Fachleute herausgegeben von Prof. **H. Dubbel**, Ingenieur, Berlin. Vierte, verbesserte Auflage. Mit etwa 2700 Textfiguren und 1 Tafel. Erscheint im Sommer 1923